奥陶—志留纪之交
富微体化石页岩
储层特征与沉积环境

户瑞宁　谭静强　王文卉◎著

Reservoir Characteristics and
Depositional Environments of Microfossil-Rich Shales
from the Ordovician-Silurian Transition

中南大学出版社
www.csupress.com.cn
·长沙·

图书在版编目(CIP)数据

奥陶—志留纪之交富微体化石页岩储层特征与沉积环境/户瑞宁，谭静强，王文卉著.—长沙：中南大学出版社，2024.5

ISBN 978-7-5487-5843-3

Ⅰ.①奥… Ⅱ.①户… ②谭… ③王… Ⅲ.①奥陶纪—油页岩—储集层—研究 Ⅳ.①P618.130.2

中国国家版本馆 CIP 数据核字(2024)第 098658 号

奥陶—志留纪之交富微体化石页岩储层特征与沉积环境

AOTAO—ZHILIUJI ZHIJIAO FU WEITI HUASHI YEYAN CHUCENG TEZHENG YU CHENJI HUANJING

户瑞宁　谭静强　王文卉　著

□出 版 人　林绵优
□责任编辑　刘颖维
□封面设计　李芳丽
□责任印制　李月腾
□出版发行　中南大学出版社
社址：长沙市麓山南路　　邮编：410083
发行科电话：0731-88876770　　传真：0731-88710482
□印　　装　湖南鑫成印刷有限公司

□开　　本　710 mm×1000 mm 1/16　□印张 10.5　□字数 181 千字
□版　　次　2024 年 5 月第 1 版　□印次 2024 年 5 月第 1 次印刷
□书　　号　ISBN 978-7-5487-5843-3
□定　　价　78.00 元

前言

页岩气作为一种清洁高效的非常规油气资源，因引发了全球能源变革而受到世界多国的高度重视。近年来，继埋深 3500 m 以浅的海相页岩气藏成功开采后，四川盆地及其周缘地区的深层页岩气勘探开发亦取得了重大突破，特别是奥陶纪—志留纪之交的五峰组—龙马溪组页岩作为主力烃源岩段备受关注。

页岩的孔隙结构不仅是页岩气赋存方式的决定性因素，也是控制页岩气富集的关键因素。在借鉴北美和加拿大等大型页岩气藏研究经验的基础上，我国学者精细刻画了海相页岩孔隙结构，包括孔隙类型划分及各类孔隙的形态、大小、分布及连通性等特征；在定性描述的基础上，又利用气体吸附、核磁共振及高压压汞等手段定量表征了孔隙结构参数(如比表面积、孔体积、孔径分布等)，取得了丰硕成果。然而，前人对五峰组—龙马溪组页岩开展的储层表征工作多围绕有机孔及其连通性方面，关于广泛分布在五峰组—龙马溪组页岩中的丰富微体古生物化石(微体化石)对页岩孔隙的贡献却有所忽略。鲜有研究报道微体化石富集层段的沉积环境特征，未能深入探讨微体化石及其孔隙结构对页岩气富集的重要影响。

立足华南早古生代黑色页岩多门类微体化石孔隙结构及沉积环境对页岩气富集影响这一古生物学和石油地质学研究的交叉和前沿领域，本书以华南中上扬子地区奥陶—志留纪之交的富微体化石页岩为研究对象，首先通过场发射扫描电镜和聚焦离子束扫描电镜的观察，明确了微体化石发育种类并精细表征了各类化石孔隙特征；然后开展了一系列定量实验(如矿物 X-衍射分析，低压 CO_2、N_2 气体吸附，高压压汞实验)来研究富微体化石页岩的储层物性特征；在明确微体化石孔隙对页岩孔隙系统贡献的基础上，开展高压甲烷等温吸附实验，利用吸附热力学参数揭示富微体化石页岩的甲烷吸附机理；最后通过分析主/微量元素，生物标志化合物及碳/氮同位素组成特征，明确了富微体化石页岩的沉积环境，探究了不同氮循环模式下古海洋氧化还原条件的演化及硅质微体生物对有机质富集的影响，最终建立了奥陶—志留纪过渡时期的古海洋演化模式。本研究旨在查明多门类微体化石孔隙结构特征及其对页岩孔隙网络的影响，深化对页岩复杂孔隙网络的科学认识，同时明确富微体化石页岩沉积的古海洋背景，丰富对页岩气资源赋存规律和有机质富集机理的了解，助力我国页岩气资源的地质评价与勘探开发。

全书共分7章。第1章介绍了微体化石与油气储集的研究意义和现状；第2章阐述了区域地质背景；第3章介绍了研究区内微体化石类型及其孔隙特征；第4章介绍了富微体化石页岩的储层物性特征，明确了放射虫化石孔隙对页岩孔隙系统的贡献，建立了放射虫与有机质共生的微观孔隙结构模式图；第5章通过多个吸附热力学参数揭示了富微体化石页岩的甲烷吸附机理；第6章通过分析主/微量元素明确了富硅质微体化石页岩的沉积环境特征，总结了硅质微体化石富集层段的重要油气意义；第7章通过分析高分辨率氮/碳同位素的组成和脂质生物标志化合物，明确了古海洋的氮循环模式，查明了晚奥陶世大灭绝前后的浮游植物群落结构演化，探讨了生物-环境协同演化的意义。

本书是中南大学地质新能源与碳中和研究团队多位成员在谭静强教授带领下多年来从事非常规油气储层研究成果的总结。在研究过程中得到了西北大学刘池阳教授、中南大学王文卉副教授、Jeffrey Dick 研究员等业内多位专家的指导和帮助。本书的研究内容得到国家自然科学基金(42202140, 41872151)的资助，在此一并表示感谢。

页岩油气的储层特征和沉积环境会受到诸多地质因素的影响，是一个复杂的地质问题。限于笔者水平，书中难免存在疏漏和不足之处，敬请广大读者不吝指正。

作者

2024年4月

目录

第1章 绪 论 …… 1

1.1 引言 …… 1

1.2 研究现状 …… 3

1.2.1 微体化石与页岩气相关性 …… 3

1.2.2 页岩孔隙结构特征与常见的孔隙分类方案 …… 4

1.2.3 甲烷吸附量与热力学参数 …… 6

1.2.4 有机质富集机理 …… 8

1.3 研究内容与方法 …… 10

1.3.1 研究思路和内容 …… 10

1.3.2 分析测试方法 …… 12

第2章 区域地质背景 …… 17

2.1 构造背景 …… 17

2.2 沉积地层与生物地层特征 …… 17

2.3 研究剖面沉积特征 …… 19

第3章 微体化石类型及其孔隙特征 …… 26

3.1 各类微体化石特征 …… 26

3.1.1 放射虫 …… 26

3.1.2 海绵骨针 …… 30
3.1.3 疑源类 …… 32
3.1.4 牙形石 …… 32
3.1.5 几丁石 …… 34
3.1.6 虫颚 …… 34
3.2 微体古生物对生烃贡献 …… 34
3.3 微体化石孔隙对页岩孔隙系统贡献 …… 35
3.4 微体化石对页岩裂缝影响 …… 37
3.5 完善页岩孔隙分类方案 …… 41
3.6 本章小结 …… 42

第 4 章 富放射虫页岩储层物性特征 …… 44

4.1 岩石学特征 …… 44
4.2 孔隙类型及形态特征 …… 47
4.3 孔隙结构参数 …… 51
4.4 孔隙结构发育的控制因素 …… 58
4.5 富放射虫页岩与无放射虫页岩间孔隙结构差异 …… 60
4.6 放射虫化石孔隙对页岩孔隙贡献的定量评价 …… 64
4.7 本章小结 …… 70

第 5 章 富放射虫页岩甲烷吸附机理 …… 72

5.1 甲烷吸附实验 …… 72
5.1.1 实验样品 …… 72
5.1.2 甲烷吸附实验原理 …… 74
5.1.3 计算甲烷绝对吸附量 …… 75
5.2 甲烷吸附特征 …… 76
5.2.1 甲烷吸附与时间相关性 …… 76
5.2.2 甲烷吸附与压力相关性 …… 78
5.2.3 甲烷吸附与温度相关性 …… 80
5.3 吸附热力学研究 …… 82
5.3.1 吸附热力学参数 …… 82

5.3.2 富放射虫页岩与无放射虫页岩的吸附热力学差异 …… 82
5.4 富放射虫页岩甲烷吸附模型与吸附机理 …… 86
5.5 本章小结 …… 90

第 6 章 富硅质微体化石页岩的沉积环境 …… 91

6.1 富硅质微体化石页岩的剖面特征 …… 91
6.2 指示沉积环境的各类指标 …… 93
6.3 古海洋的氧化还原条件 …… 97
6.3 水体滞留程度 …… 105
6.4 古生产力水平 …… 108
6.5 有机质富集意义 …… 110
6.6 本章小结 …… 113

第 7 章 古海洋的氮循环 …… 114

7.1 碳/氮同位素组成及生物标志化合物特征 …… 116
7.2 原始地球化学信号的评估 …… 122
7.3 氮循环与浮游生物群落间的耦合 …… 126
7.4 生物-环境协同演化的意义 …… 133
7.5 本章小结 …… 134

参考文献 …… 136

第1章 绪 论

1.1 引言

随着全球能源需求的增长，化石能源的供应压力急剧增加。页岩气作为重要的能源供给，近年来受到广泛关注[1-3]。页岩气是一种清洁高效的非常规天然气，主要以吸附态和游离态的形式储存在富有机质页岩中。随着四川盆地及其周缘地区的页岩气勘探开发取得的巨大商业成功，我国南方过成熟的海相页岩已成为研究热点。奥陶纪晚期—志留纪早期沉积的五峰组—龙马溪组页岩是四川盆地发育的三套重要的烃源岩层系之一，另外两套分别是寒武纪早期筇竹寺组(牛蹄塘组)页岩和二叠纪晚期龙潭组页岩[4]。作为重要的能源储层，越来越多的学者针对奥陶—志留纪之交的五峰组—龙马溪组富有机质页岩开展了大量研究[5-7]。

自1997年Barnett页岩气在美国取得重大突破以来，页岩已不再仅仅被认为是烃源岩或盖层，而是一类具有丰富的微/纳米级孔隙、能够自生自储的非常规油气储层，以复杂多变的孔隙类型和极低渗透率为显著特征，通常将总有机碳(total organic carbon，TOC)含量大于2%以上的页岩称为富有机质页岩。页岩储层特征特别是微/纳米孔隙结构不仅会影响页岩气的赋存形式，还是控制页岩油气成藏的关键因素。

在借鉴北美和加拿大等大型页岩气藏研究经验的基础上[8-10]，中国学者精细刻画了页岩孔隙结构，特别是有机孔的形态、大小、分布及连通性等特征[11, 12]。在定性表征的基础上，又利用气体吸附、核磁共振及高压压汞等手段定量表征页岩孔隙结构参数(如比表面积、孔体积、孔径分布等)[13, 14]。目前得到的认识是：有机孔孔径较小，比表面积较大，是吸附气的重要聚集场所；矿物粒内孔(如伊利石、绿泥石等黏土矿物晶间孔，黄铁矿晶间孔)和矿物粒间孔属于宏孔(>50 nm)，孔体积较大，是游离气主要的赋存空间。吸附气和游离气是页岩气在深埋藏过程中的两种最主要赋存形式。

除孔隙结构外，大量研究表明页岩气的产量还会受到有机质富集程度的影响[15, 16]，而有机质的富集常常受控于海水氧化还原条件、海洋表层初级生产力水平、水体滞留程度及陆源碎屑输入等环境因素[17-19]。因此，明确古海洋的沉积环境对探究有机质的富集机理至关重要。

微体古生物化石(简称微体化石)是指分类学上不相关的有机壁和无机壁的化石总称，它们通常以微米度量，肉眼难以识别，需要借助偏光显微镜或扫描电镜来观察[20, 21]。据报道，富有机质页岩中通常广泛分布着微体古生物化石，一方面，某些以有机壁为主的微体化石如几丁石、疑源类被认为是重要的生烃母质[22-24]；另一方面，像放射虫、海绵骨针等硅质微体化石发育大量生物孔隙，能够为页岩气提供储集空间[25-27]。然而，目前针对我国南方海相五峰组—龙马溪组富微体化石页岩的储层物性表征及页岩气富集机理研究不够系统和深入，关于微体古生物对油气富集的重要影响往往被忽略，特别是广泛发育的微体化石孔隙对页岩孔隙系统的贡献鲜有研究，富微体化石页岩沉积的古海洋背景是否有利于有机质的富集尚不清楚。此外，学科研究的局限性如古生物学更多关注的是微体古生物的分类学和生物地层学等内容，石油地质学则聚焦在有机质类型、含量及有机地球化学等方面。这都极大地限制了我国页岩气勘探的领域和范围，因此，将微体古生物学和石油地质学研究有效地结合在一起，对于明确各类微体化石孔隙发育特征并探究微体生物对有机质富集的影响十分必要。

1.2 研究现状

1.2.1 微体化石与页岩气相关性

沉积岩中保存的古生物化石一直以来被认为是打开油气资源大门的金钥匙，并在一定程度上指导油气地质勘探开发工作，这是因为沉积物中的生烃母质大多和古生物关系密切。此外，古生物化石是地质历史时期的重要时间标尺，对于古生态、古环境及古海洋的研究具有直接指示意义[21, 23]。规模性的油气勘探开发主要取决于目标层位的识别，特别是对"甜点段"的判别[28]，这就依赖于古生物化石的研究。

笔石是一类已经灭绝的海相宏体古生物，繁盛于奥陶纪—泥盆纪早期[29]，特别是在我国华南地区五峰组—龙马溪组已建立起完整的笔石生物带。笔石生物带作为"黄金卡尺"可对页岩地层进行精细划分与区域对比[30, 31]。笔石作为黑色页岩的重要组成部分，主要由碳元素组成，含氧、氮等杂原子基团组成的高分子聚合物[32]，有学者指出页岩中笔石的丰度与有机碳含量呈正相关性[33]，认为笔石是一类重要的生烃母质。不同于笔石这类宏体古生物，微体古生物化石具有个体小、丰度高的特征，在油气地质勘探领域中发挥着越来越重要的作用。特别是近年来由于钻井岩心孔径较小，很难获得大量保存完整的宏体化石，然而却可以从岩心中收集到广泛分布的微体化石，十分有利于微体化石在油气勘探领域的研究与应用。

微体化石是指保存在各个地质历史时期所沉积的地层中的古生物的微小遗体和遗迹，是一类独立的化石群体，包括了大量难以进行分类划分的有机壁和无机壁化石群落[21, 23]，微体化石的大小通常以微米度量，肉眼不可识别，需要借助光学显微镜或扫描电镜等观察，常对其采用酸液浸泡法来挑选并分离出化石个体，这也是与宏体化石最大的区别。微体古生物化石来源于多个生物门类，按照保存方式可分为[2]：①完整的古生物壳体，如放射虫、有孔虫、介形类等；②微小器官，部分古生物的器官在成熟后会与生物体分离，如高等植物的孢子、花粉等；③古生物消亡后，骨骼中的某一部分脱离本体可在沉积物中直接保存为化石，如海绵骨针、牙形石等。研究指出微体化石可分布在海相和陆相沉积物中，特别是中国南方奥陶—志留之交的海相黑色页岩中广泛分布着大量微体化石[26, 34–38]。

由于微体化石个体小，数量多，分布广，常常作为标准化石被古生物学家广泛用于地层划分和对比，判断古埋藏环境和地质年代等。但在石油地质学中研究较少，往往被忽略，仅有少量学者提到微体化石对页岩气的生成和保存有重要意义[39, 40]。微体化石对页岩气的影响主要体现在两方面：一是某些具有有机质壳壁的海洋微体化石具备一定的生烃能力，是良好的生烃母质[34, 35, 40]，如几丁石和疑源类，此外，某些微体生物如放射虫虽然没有有机质壳壁，但其体内脂类含量相对较高，甚至接近硅藻类等低等浮游藻类的脂类含量，这也是一类重要的生烃母质[40]；二是微体化石自生发育大量生物孔隙[25, 27]，一方面增强了页岩孔隙网络的连通性，相互连通的孔隙与裂缝一起构成了流体运移网络，为页岩气提供了良好的运移通道，另一方面为页岩气的富集提供了重要的储集空间。学者的研究更关注第一点，往往忽略了第二点，到目前为止，仅个别研究报道了页岩中广泛分布的微体化石发育生物孔隙，明确了化石孔隙的存在[26]，但对微体化石孔隙特征的详细描述和对页岩气影响的深入讨论却鲜有报道。

1.2.2 页岩孔隙结构特征与常见的孔隙分类方案

页岩储层中的孔隙类型、孔隙分布、孔隙结构及其连通性等特征是页岩气藏评价的关键，这决定着页岩气资源的勘探与开发[41]。页岩作为一种典型的非常规储层，与常规的碎屑岩储层和碳酸盐岩储层相比，其孔隙结构通常更复杂[8, 42]，主要体现在三方面：一是页岩中常发育微/纳米级孔隙，特别是有机质孔隙，其孔径分布常介于数纳米至数百纳米，显著不同于常规储层的毫米级矿物孔隙；二是由于强压实作用导致页岩孔隙的渗透率和孔隙度均较低，在脆性矿物含量较高的地层中微裂缝相对发育；三是页岩孔隙的形成和演化不仅与成岩过程关系密切，还会受到烃类的生成、运移及排出的影响[43, 44]。压实和胶结作用在很大程度上降低了页岩孔隙度，但是干酪根的裂解和烃类的生成能够产生大量纳米级有机孔，在一定程度上增加了页岩孔隙度。

常见的孔隙结构参数包括孔径大小、比表面积及孔体积分布，页岩孔隙结构决定了页岩气的赋存方式[45]，如在比表面积较大的有机孔中页岩气多以吸附气的形式富集，而在孔体积和孔径较大的矿物粒间孔和粒内孔中页岩气以游离气的形式赋存。有机质孔是页岩孔隙系统中最重要的孔隙类型，在沉积埋藏过程中，有机孔是控制页岩吸附性能的决定性因素，甚至有学者提出有机孔的发育程度直接影响页岩气的储量[46, 47]，特别是富有机质页岩中有机孔的形态、分布及连通性等特征是近年来的研究热点。有机孔的发育与有机质类型、热成熟度及有机碳含量等密切相关[11, 12]。

由于页岩储层具有孔喉尺寸小，孔隙结构复杂等特征，因此常联合使用定性(如场发射扫描电镜，透射电镜及聚焦离子束扫描电镜)和定量方法(如低压 CO_2、N_2 气体吸附，高压压汞实验，小角 X-射线散射等)来全面表征页岩孔隙结构特征。扫描电镜主要用来观察描述页岩孔隙的类型、分布、大小及连通性等特征；低压 CO_2、N_2 气体吸附分别用于表征孔径小于 2 nm 和 2~50 nm 孔隙的结构参数，同时，根据 N_2 吸附-脱附实验中回滞环曲线的类型可判断页岩主要发育的孔隙形态[48](如平行板状孔、楔形孔、细颈墨水瓶状孔等)；高压压汞测试则用来描述孔径大于 50 nm 孔隙的结构特征。

目前，对于页岩储层孔隙系统的分类并没有统一的方案。根据国际理论和应用化学学会(IUPAC)的定义[49]，将孔隙直径小于 2 nm 的称为微孔(micropore)，孔隙直径为 2~50 nm 的称为中孔或介孔(mesopore)，孔隙直径大于 50 nm 的称为宏孔(macropore)。这一分类方法主要基于孔径大小，不考虑页岩的矿物组成和有机质含量，对于定量表征和评价页岩的比表面积和孔隙体积具有重要意义。

此外，国内外学者根据孔隙的产状及其与矿物颗粒之间的关系，在页岩孔隙系统中明确了多种孔隙类型。代表性的孔隙分类方法介绍如下：

Slatt 和 O'Brien[50]通过研究 Barnett 和 Woodford 页岩孔隙结构特征，将孔隙类型划分为黏土矿物晶间孔、有机质孔、粪球粒孔、化石碎屑孔、碎屑颗粒粒内孔和微裂缝共 6 种。Loucks 等则将孔隙分为 3 种基本类型[8, 42](分别对应三角图的三个端元)，即粒间孔隙、粒内孔隙和有机质孔隙。前两种孔隙的发育主要与矿物基质有关，粒间孔发育在碎屑颗粒之间，粒内孔出现在碎屑颗粒内部，可以溶蚀孔的形式出现，而有机质孔则是发育在有机质内部的纳米级孔隙，与页岩中有机质含量、有机质类型及热成熟度等有关。

国内学者于炳松[41]综合考虑了页岩储层孔隙的产状和结构特征，将定性观察的结果和定量测试的数据相结合，提出页岩储层孔隙可划分为与岩石颗粒发育无关和与岩石颗粒发育有关的孔隙分类方案。前者为裂缝孔隙，后者为岩石基质孔隙。岩石基质孔隙又可进一步划分为粒间孔、粒内孔和发育在有机质内的有机质孔。最后结合定量测试的孔隙结构参数，将孔隙进一步细分为微孔隙、中孔隙和宏孔隙，此类划分方案综合考虑了页岩孔隙的产状和结构参数，全面细致地划分孔隙网络，但相对复杂，实用性偏差。

聂海宽等[27]通过氩离子抛光和场发射扫描电镜的观察，结合高压压汞和气体吸附等定量表征方法，详细描述了四川盆地东南缘下古生界页岩储层特征，认为页岩储层孔隙类型主要包括有机质孔、矿物基质孔和微裂缝 3 类。有机质孔可发育在藻类、沥青、笔石及各类化石碎片中，在一定的成熟度范围内，有机质孔隙度随热演化程度的升高而增大；矿物基质孔主要包括粒间孔、粒内孔及各种溶蚀孔等，孔径随脆性矿物含量增加而呈增大趋势，随压实作用和胶结作用的增强而降低，随溶蚀作用的加强而增大；微裂缝也是一类重要的储集空间和运移通道，主要发育在脆性矿物颗粒间，有机质与脆性矿物接触处亦可见微裂缝的存在。

尽管存在多种孔隙划分方案，但关于微体化石孔隙的归属问题并没有明确，目前关于微体化石孔隙的分类存在两种观点，一种认为微体化石孔隙属于矿物基质孔中的粒内孔[8, 42]；另一种则将微体化石孔隙划分为有机孔的范畴[10, 27]。

1.2.3 甲烷吸附量与热力学参数

页岩气作为一种清洁高效的不可再生能源，越来越受到世界各国的关注。在沉积埋藏过程中，页岩气主要以吸附气、游离气和少量溶解气的形式赋存于页岩孔隙中[51, 52]，而孔隙比表面积和孔体积共同控制着页岩气的赋存形式。通常在黏土矿物晶间孔或溶蚀孔等孔体积较大的介孔和宏孔中，页岩气多以游离气的形式富集；而在有机孔这类比表面积较大的微孔或较小的介孔中，页岩气主要以吸附气的形式赋存。有研究指出页岩中吸附甲烷的含量占页岩气总量比例较高，甚至高达 85%[53]，说明吸附气是页岩气的重要赋存形式，因此对甲烷吸附量的研究是评价页岩气储量的关键[54, 55]。

甲烷的临界温度和临界压力分别为 190.4 K 和 4.69 MPa，而页岩储层的实际埋藏温度和压力(360 K 和 27 MPa)远高于甲烷的临界温度和压力[56]，说明页岩

中吸附的甲烷并非呈气态，而是以超临界流体的形式吸附。目前，关于甲烷吸附量及页岩吸附能力的评价多采用体积法和重量法甲烷吸附仪来测试[57-59]。体积法甲烷吸附仪的最大测试压力小于15 MPa，一般低于实际地质背景[60, 61]。重量法甲烷吸附仪的最大测试压力可达35 MPa，近年来，越来越多的学者采用该方法开展甲烷等温吸附实验，用于评价富有机质页岩的甲烷吸附能力[62]。需要指出的是，实验测试的结果代表甲烷过剩吸附量（即补偿吸附相浮力后的吸附量），并非甲烷绝对吸附量[63]（真实吸附量）。在计算页岩气实际储量时，需要将过剩吸附量转化为绝对吸附量，其中吸附相密度是转化过程中的关键参数，有多种模型如D-R（Dubinin-Radushkevich）模型，D-A（Dubinin-Astakhov）模型及SLD（simplified local density）模型可用来确定吸附相密度[64, 65]。此外，甲烷过剩等温吸附曲线和绝对等温吸附曲线对于热力学的研究具有重要意义。

影响甲烷吸附量的因素有许多，包括页岩中有机质含量、含水量、黏土矿物及热成熟度等[66-68]。其中，有机质含量对页岩的甲烷吸附能力有显著控制作用，大量研究表明，有机质含量越高，有机孔隙越发育，相应的页岩比表面积越大，导致页岩对甲烷的吸附能力也越强[69]；页岩中的含水量会降低其对甲烷的吸附能力，这是因为水分子会优先占据一些潜在的吸附点位，进而导致吸附的甲烷分子量减少[70]；黏土矿物含量也会影响甲烷的吸附能力，有研究表明由于黏土矿物发育大量纳米级晶间孔，进而导致比表面积增大，增强了页岩对甲烷的吸附能力[71]，但也有学者指出页岩中黏土矿物含量越高，页岩对甲烷的吸附能力越弱，因为黏土矿物中分布着大量的水分子，这不利于甲烷分子的吸附[72]；除黏土矿物含量外，不同黏土矿物类型同样会影响甲烷吸附能力，有研究指出蒙脱石对甲烷的吸附能力最强，其次是高岭石和绿泥石，伊利石对甲烷的吸附能力最弱，这是由于不同黏土矿物的晶体结构存在差异，蒙脱石具有较小的晶间孔隙，其比表面积较大，进而增强了对甲烷的吸附能力[73]；此外，不同学者研究热成熟度对甲烷吸附能力的影响有不同的认识，有研究指出高成熟度会使有机质芳香化，进而降低了甲烷的吸附能力[69]，而有学者认为高成熟度有利于纳米级有机孔的发育，有效增加了页岩的比表面积，进而增强了甲烷的吸附能力[74]。尽管诸多研究已经详细表征了甲烷的吸附特征并明确了影响甲烷吸附能力的各种因素，但富有机质页岩中往往含有大量微体化石，广泛分布的微体化石并非单独存在，而是常常与有机质共生，关于这类微体化石与有机质共生的组合是否可以改善页岩的甲烷吸附能力却鲜有报道。

甲烷等温吸附实验不仅可以明确吸附量大小，还可以根据甲烷绝对吸附量计算相关热力学参数。常见的吸附热力学参数如焓变(ΔH)、等量吸附热(Q_{st})、标准熵变(ΔS^0)及吉布斯自由能变(ΔG)等可用来揭示甲烷吸附过程及吸附机理[75]。如 Chen 等通过研究 Q_{st} 与甲烷绝对吸附量间相关性，明确了甲烷吸附过程是物理吸附而非化学吸附，吸附热会受到吸附甲烷分子的影响[76]；Dang 等通过分析 ΔG、ΔH 及 Q_{st} 的相关数值，指出页岩中的甲烷吸附作用属于一种热力学自发的放热行为[77]；Tian 等研究认为随着甲烷吸附量的增加，ΔS^0 和 Q_{st} 均会呈减少趋势，并指出 ΔS^0 与 Q_{st} 间存在线性关系[59]；周来和李希建等通过计算吸附压力趋近于 0 时的等量吸附热，认为可利用极限吸附热来描述甲烷分子与页岩之间的相互作用力大小[78, 79]；Ji 等和 Hu 等通过甲烷吸附热力学的研究，指出有机质含量的高低将显著影响甲烷吸附能力[74, 80]。尽管学者对不同的页岩样品进行了吸附热力学研究，但是关于甲烷吸附热力学的认识仍不够全面，迄今为止，从热力学角度探讨富微体化石页岩的甲烷吸附机理研究尚未见报道，这些与有机质共生的微体化石是否能增强甲烷吸附能力尚不清楚。

1.2.4 有机质富集机理

海洋表层水体中的低等水生生物如浮游藻类和细菌等的分泌物、排泄物及死亡后遗体组成了最原始的有机质，随后在沉积埋藏过程中经过复杂的物理化学过程，最终形成沉积有机质[81]。页岩中有机质的富集是个复杂的地质过程，会受到诸多因素影响[82]，如初级生产力、沉积环境的氧化还原条件、沉积速率、沉积后的细菌降解及后期构造抬升风化剥蚀等[83, 84]。近年来，国内外学者对海相页岩中有机质的富集机理做了大量研究，有研究指出海洋表层初级生产力的高低决定着有机质富集程度，特别是大陆边缘上升流发育地区尤为显著，沉积水体的氧化还原条件对有机质的富集影响有限[85, 86]；而有学者则认为缺氧还原甚至硫化环境是有机质富集的关键因素，尽管在较低的初级生产力海域内仍可形成富有机质页岩，如现代缺氧还原条件的黑海为典型代表[87]；还有研究表明沉积速率的快慢控制着有机质富集与否，只有在合适的沉积速率下，有机质才能在海底沉积物中富集，过高的沉积速率会使有机质在一定程度上受到碎屑矿物的稀释影响，过低的沉积速率会导致有机质在沉降过程中受到氧化分

解，因此过高或过低的沉积速率均会降低有机质富集程度[88, 89]。

为明确有机质富集机理，常常需要从古生产力、水体氧化还原条件、古气候及构造运动等多方面综合考虑。

低等水生浮游动植物和细菌等生物的勃发是有机质富集的重要物质保障，即古生产力是影响有机质富集的重要因素[90, 91]。学者常用有机碳含量、有机磷、生物钡及过量硅等主/微量元素来评价古生产力。有机碳含量直接反映了页岩中有机质的富集程度，有学者根据海洋沉积物中有机碳含量建立古生产力的相关计算公式，认为古生产力除了与沉积物中有机碳含量相关外，还会受到沉积物密度、孔隙度及沉降速率等影响[92]；有机磷和生物钡在非还原条件下易于保存在海底沉积物中，因此可用于恢复氧化-次氧化环境的古生产力[93, 94]；为消除陆源碎屑硅质输入的影响，研究中常常用过量硅来描述古生产力，沉积物中过量硅含量越高，代表古生产力越高[95]。

海洋表层高的初级生产力并不等同于页岩中高有机质丰度，原始有机质在沉降及沉积过程的水体保存条件将决定有机质是否完整保存，水体氧化还原条件最为关键，若水体氧含量较高，有机质易被氧化分解，若水体为缺氧还原甚至硫化环境，则有机质易于保存富集[96, 97]。海水氧化还原条件可通过主/微量元素、有机地化参数（生物标志化合物）及稳定同位素等方法来判识。沉积物中的氧化还原敏感元素如 V、Ni、Cr、U、Th 及 Co 等可用来表征沉积水体的氧含量，这一方法被国内外学者广泛应用[98, 99]；生物标志化合物中的植烷（Ph）和姥鲛烷（Pr）同样可以指示水体氧化还原条件，在缺氧条件下优先形成植烷，$Pr/Ph<1$，而在氧化条件下则优先形成姥鲛烷，$Pr/Ph>1$[100]；此外，稳定同位素如氮同位素亦可反映氧化还原环境，含氮化合物既有高价态的 NO_3^-，又有低价态的 NH_4^+，在不同的氧化还原条件下会发生相互转化（如硝化作用、厌氧氨氧化作用等），进而产生氮同位素分馏效应，根据沉积物中氮同位素组成可推断沉积水体的氧化还原条件[101, 102]。

古气候同样会制约有机质的富集，炎热潮湿的气候加强了物源区的风化剥蚀作用，进而提高了陆源碎屑供给量，可能会在一定程度上稀释有机质，不利于有机质的富集；反之，寒冷干旱的气候则减弱了物源区的风化剥蚀作用[103]。此外，事件性的气候突变，如古气候突然变暖导致冰川融化，进而造成大幅海侵事件的发生，导致海水内部发生显著的氧化还原分层现象，在海底水体中形成良好的缺氧还原保存条件[104]。目前常用化学蚀变指数和稀土元素的分异现象来描述古气候特征[105]，此外，有学者指出有机碳同位素亦可表征古气候的变化特征[106]。

区域性构造运动常常会造成一系列断裂活动，规模性火山喷发及海底热液活动等地质事件，这也会影响有机质的保存与富集。断裂构造运动会影响沉积盆地的规模，控制可容空间的大小，进而决定烃源岩的沉积厚度与有机质的丰度[107]；火山喷发所产生的火山灰和海底热液活动会向海洋系统中输入大量营养元素，有利于菌藻类等初级生产者的勃发，为后期有机质的富集提供丰富的物质保障[108, 109]。典型的热液矿物（如闪锌矿、方铅矿、重晶石等）和斑脱岩层/凝灰岩层是火山热液活动的标志，除矿物岩石学证据外，学者还从主/微量元素和同位素地球化学的角度论证了火山热液活动对有机质富集的影响[108]。

尽管前人对有机质富集机理做了大量研究，但是目前对奥陶—志留之交的五峰组—龙马溪组黑色页岩的有机质富集机理尚未形成统一认识，特别是关于富微体化石页岩段的有机质富集主控因素尚不明确。此外，富微体化石页岩与无微体化石页岩间的有机质富集机理是否存在差异也尚不清楚。

1.3 研究内容与方法

1.3.1 研究思路和内容

以华南中上扬子地区五峰组—龙马溪组富微体化石页岩为研究对象，开展一系列定性、定量孔隙结构表征实验。首先，采用酸溶液浸泡法来分离并挑选出不同种属的微体古生物化石，并置于场发射扫描电镜（FE-SEM）和聚焦离子束扫描电镜（FIB-SEM）下观察，总结微体化石发育种类并精细表征化石孔隙特征；然后，开展一系列定量实验（如矿物 X-衍射分析，低压 CO_2、N_2 气体吸附，高压压汞实验）来研究富微体化石页岩的储层物性特征；在明确微体化石孔隙对页岩孔隙系统贡献的基础上，开展高压甲烷等温吸附实验，利用吸附热力学参数揭示富微体化石页岩的甲烷吸附机理；最后通过分析主/微量元素，生物标志化合物及碳/氮同位素，明确富微体化石页岩的沉积环境，建立有机质富集模式，具体技术路线如图 1-1 所示。

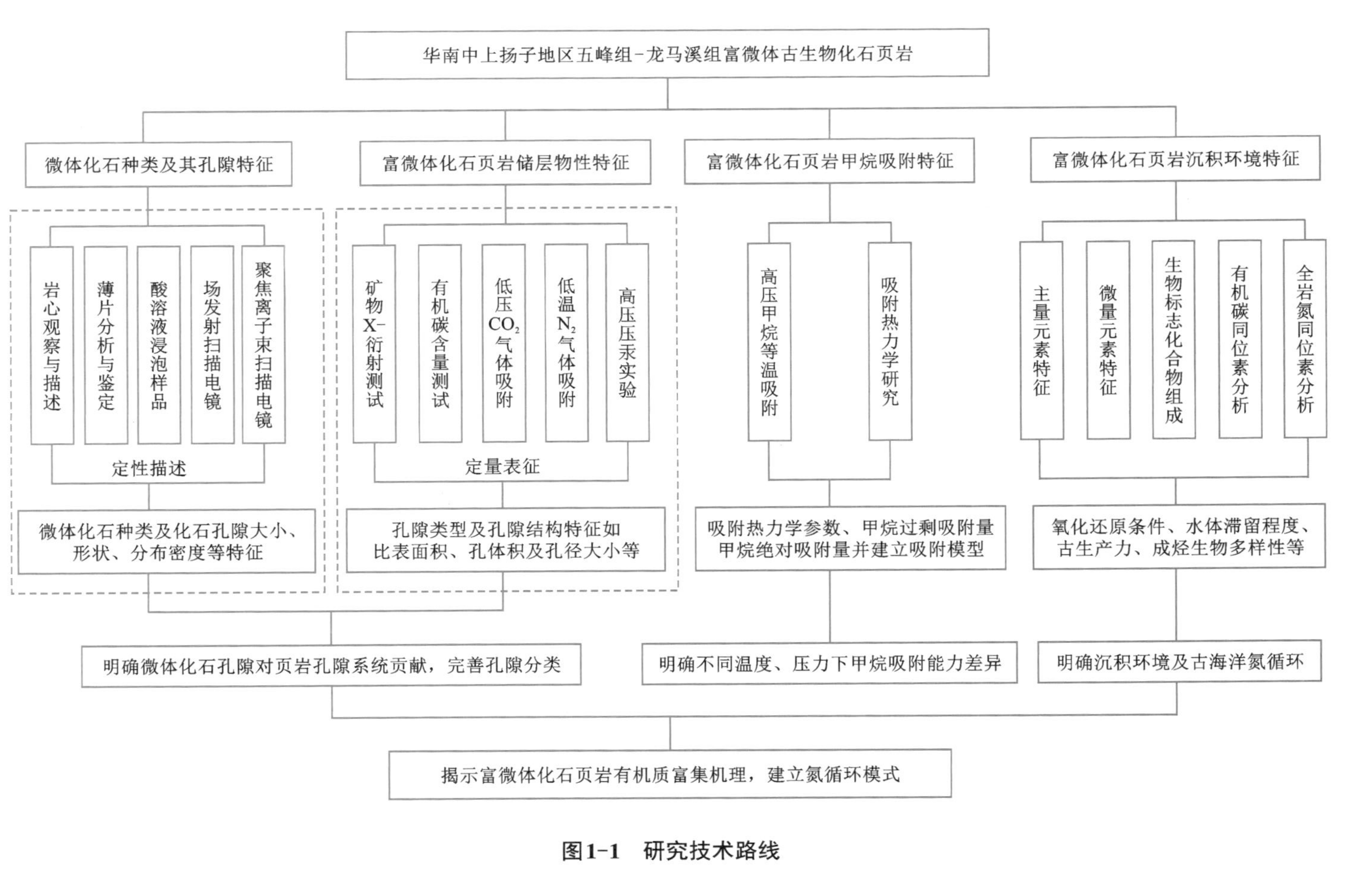
华南中上扬子地区五峰组-龙马溪组富微体古生物化石页岩
微体化石种类及其孔隙特征
富微体化石页岩储层物性特征
富微体化石页岩甲烷吸附特征
富微体化石页岩沉积环境特征
岩心观察与描述
薄片分析与鉴定
酸溶液浸泡样品
场发射扫描电镜
聚焦离子束扫描电镜
定性描述
矿物X-衍射测试
有机碳含量测试
低压CO_2气体吸附
低温N_2气体吸附
高压压汞实验
定量表征
高压甲烷等温吸附
吸附热力学研究
主量元素特征
微量元素特征
生物标志化合物组成
有机碳同位素分析
全岩氮同位素分析
微体化石种类及化石孔隙大小、形状、分布密度等特征
孔隙类型及孔隙结构特征如比表面积、孔体积及孔径大小等
吸附热力学参数、甲烷过剩吸附量甲烷绝对吸附量并建立吸附模型
氧化还原条件、水体滞留程度、古生产力、成烃生物多样性等
明确微体化石孔隙对页岩孔隙系统贡献，完善孔隙分类
明确不同温度、压力下甲烷吸附能力差异
明确沉积环境及古海洋氮循环
揭示富微体化石页岩有机质富集机理，建立氮循环模式

图1-1 研究技术路线

主要研究内容包括：

(1)微体化石种类及其孔隙特征。明确研究区微体化石类型并描述各类微体化石孔隙发育特征，如孔隙大小、形状、连通性及分布密度等。

(2)富微体化石页岩储层物性特征。在定性表征的基础上，定量研究富微体化石页岩的孔隙结构特征，重点对比分析富微体化石页岩与不含微体化石页岩间的孔隙结构差异(如比表面积、孔体积及孔径大小分布等差异)，明确微体化石孔隙对页岩孔隙系统的影响，完善页岩孔隙分类方案。

(3)富微体化石页岩甲烷吸附特征。在TOC含量、脆性矿物及黏土矿物含量近似相当的情况下，即相似地质背景条件下，针对富微体化石页岩与无微体化石页岩开展高压甲烷等温吸附实验，对比二者间甲烷吸附能力差异，从吸附热力学的角度出发，探究甲烷吸附机理，并建立富微体化石页岩在低压和高压段的甲烷吸附模型。

(4)富微体化石页岩沉积环境特征。研究五峰组—龙马溪组页岩的沉积环境特征，特别是明确富放射虫页岩层段的氧化还原条件、水体滞留程度、古生产力等沉积环境信息；通过氮同位素组成特征来明确古海洋的氮循环模式，同时结合生物标志化合物的分析(如藿烷和甾烷)来阐明浮游植物群落结构的演化；在明确古海洋沉积环境的基础上，重点关注硅质微体化石与有机质丰度间的相关性，探究硅质微体生物对有机质富集的影响及不同氮循环模式下有机质的富集机理。

1.3.2 分析测试方法

总共收集到研究区内五峰组—龙马溪组页岩101块，其中焦页1井五峰组—龙马溪组沉积厚度约94 m，收集到20块页岩样品；木厂沟露头剖面五峰组—龙马溪组沉积厚度约19.5 m，收集到12块页岩样品；龙参2井五峰组—龙马溪组沉积厚度约20 m，收集到34块页岩样品；龙参3井五峰组—龙马溪组沉积厚度约23 m，收集到34块页岩样品；大河坝露头剖面收集到1块富放射虫页岩样品。实验前，将可能的风化剥蚀面和泥浆残渣仔细去除，以保证样品新鲜。

对于收集到的页岩样品，首先观察手标本，识别出典型的笔石带化石；然后，将每块页岩样品分成三部分，其中一部分用来磨制光薄片，一部分粉碎至

40~200 目①粉末进行后续气体吸附实验和元素分析测试，另一部分则破碎至边长为 1 cm 左右的立方体小块，采用酸处理法挑选出各类微体化石。在以上分析基础上，挑选出具有代表性的页岩样品进行氩离子抛光，便于后期 FE-SEM 及 FIB-SEM 观察。具体分析测试方法见以下介绍。

(1)微体化石处理方法及电镜观察。

采用酸溶液浸泡法来分离并挑选出不同种属的微体古生物化石。对于海绵骨针、疑源类、牙形石、几丁石及虫颚等微体化石，本书采用 Paris(1981)[110] 提出的标准方法。以下操作均在通风橱中进行，具体细节：首先称取 20~30 g 小块状页岩样品，置于 500 mL 带盖耐酸的塑料小桶中，并标号记录其质量；然后向塑料小桶中加入一定量的稀盐酸，反复多次，以确保钙质矿物充分反应，待无明显气泡产生时，将稀酸残留液倒入废液桶中，并用去离子水清洗样品 3~5 遍至中性；接着向塑料小桶中缓缓倒入 40%氢氟酸至桶体 4/5 处，拧紧瓶盖并在室温条件下放置一周，待反应完全后将小桶中上部氢氟酸液倒入废液桶中，同时使用去离子水清洗 5~8 遍至中性；最后将酸处理后的样品少量多次地倒入 45 μm 样品筛中加水筛选，将筛中 45 μm 以上的残留样转移到 50 mL 试管中。

对于放射虫化石，同样称取 20~30 g 小块状页岩样品，置于 500 mL 带盖耐酸的塑料小桶中；然后按比例加水配置 4%氢氟酸溶液，将稀释后的氢氟酸倒入塑料小桶至桶体 4/5 处，拧紧瓶盖并在室温条件下放置 24 h；接着将两个样品筛上下叠置(上面样品筛为 40 目，下面为 240 目)，将塑料小桶中的酸液缓缓倒入样品筛进行分离，一边倒酸液的同时一边用去离子水清洗样品；随后用去离子水小心冲洗 240 目样品筛上的残留样品，并转移到有标号的 50 mL 试管中；最后重新向塑料小桶中加入 4%氢氟酸，开始下一轮浸泡处理，重复该过程一周。

将 50 mL 试管中采集到的溶液倒入蒸发皿中，通过加热装置使蒸发皿中的水分挥发，收集蒸发皿中干燥的样品颗粒，并置于体视显微镜下(Nikon SZM 25)。使用特制的毛细管和一根毛的毛笔挑选出各类微体古生物化石并观察拍照，最后放置在直径约 1 cm 的扫描电镜样品台上，便于后期 FE-SEM 及 FIB-SEM 观察。

FE-SEM 通过利用电子束在样品表面扫描时激发的各种信号来合成图像，

---

① 40 目约为 420 μm；200 目约为 74 μm。
目是一种衡量颗粒和粉末径的单位，是指每英寸筛网上的孔眼数目，40 目是指每英寸上的孔眼是 40 个。

本研究中所开展的电镜观察工作均是在中南大学科技园纳微创新工作室完成，仪器型号为 MIRA3 LMH from TESCAN，Czech Republic，并附带能谱仪。FIB-SEM 是利用高强度聚焦离子束对样品进行纳米尺度的加工，最终呈现三维成像效果。本研究中所开展的 FIB-SEM 观察工作是在南京大学和广州金鉴实验室完成的。

(2)硅质微体化石含量分析。

可通过 Image J 软件进行估算，放射虫和海绵骨针等硅质微体化石在光学薄片中呈灰白色，而有机质和黏土矿物等基质呈深褐色，二者灰度值存在显著差异，因此，硅质微体化石的百分含量可通过灰度差异来估算。具体而言，Image J 软件的计算过程如下：首先将偏光显微镜照片转换为二值化图像，接着选择合适的灰度值并调整相关阈值，最后利用软件计算出硅质微体化石的相对百分含量(整个过程类似孔隙的面孔率计算)。

(3)矿物组成与有机质丰度。

矿物组分可通过 X-射线衍射仪(XRD)来确定，仪器型号为 BRUKER D8 ADVANCE，位于中南大学高等研究中心。设置衍射角为 5°~70°用来检测全岩矿物，衍射角为 5°~20°则用来检测不同黏土矿物，仪器工作电压为 40 kV，工作电流为 40 mA。采用半定量法分析谱图，矿物含量测试精度为 0.1%。页岩有机质丰度(TOC 含量)是通过碳硫分析仪来测定，仪器型号为 LECO CS 744，该仪器位于中南大学地质新能源研究中心。实验测试之前，粉末状页岩样品均经稀盐酸预处理来去除碳酸盐矿物。

(4)页岩孔隙结构表征实验。

低压气体(CO_2 和 N_2)吸附实验是在美国 Micromeritics 公司开发的 ASAP2460 比表面分析仪上开展，该仪器位于中南大学地质新能源研究中心。被测试的页岩样品首先粉碎至 80~120 目，然后放置于温度为 423 K 的真空烘箱中干燥 7 h。低压吸附实验中不同气体分子可反映不同的孔隙结构参数，CO_2 吸附测试通常用来表征微孔(小于 2 nm)结构特征，根据相关测试标准 GB/T 21650.3-2011，实验温度为 273.15 K，实验相对压力(P/P_0)为 0.00007~0.018。N_2 吸附实验主要用来表征介孔(2~50 nm)和部分宏孔(50~100 nm)的结构参数，根据行业标准 SY/T 6154-1995，实验温度为 77.35 K，实验相对压力(P/P_0)为 0.005~0.995。此外，N_2 吸附实验中常常会由于毛细凝聚作用而产生不同类型的回滞曲线，回滞环的不同形态可指示不同的孔隙形

状。实验结束后，将 NLDFT(nonlocal-density-functional-theory)方法与 DFT(density-functional-theory)方法相结合来描述页岩孔隙结构参数[111](如比表面积、孔体积及孔径分布等)。高压压汞实验是在美国 Micromeritics 公司研制的 Autopore 9510 压汞仪上开展，压汞仪是由低压和高压两部分组成，最大工作压力可达 400 MPa，该仪器位于中南大学地质新能源研究中心。高压压汞实验分析可以表征孔径为 3~300000 nm 的孔隙结构参数，孔径与压力间相关性满足 Washburn 方程[112]，即汞注入的压力越大，反映孔隙直径就越小。通常利用压汞实验来描述页岩宏孔(大于 50 nm)特征，通过测量不同压力下进入孔隙中汞含量来反映孔体积及孔径分布等结构参数。实验之前，被测试的页岩样品需要破碎至边长为 0.5 cm 左右的立方体小块，并放置于温度为 353 K 的真空烘箱中干燥 12 h。

(5)甲烷等温吸附实验。

传统意义上有两种方法来测定甲烷吸附量，一种是容量法，另一种是重量法。容量法是一种间接测量吸附量的方法，测试误差较大，且最大实验压力不超过 12 MPa，这远远低于大部分实际页岩的埋深[113]。重量法则是一种直接测量吸附量的方法，测试精度高，且最大实验压力可达 35 MPa[113]。本研究利用 Rubotherm 型重量法甲烷吸附仪来测试页岩样品的甲烷吸附特征，吸附仪的核心部件是高精度磁悬浮天平(ISOSORP-HP Static)，测量精度可达 10 μg，该仪器位于中南大学地质新能源研究中心。根据工业标准 NB/T 10117-2018，被测试的页岩样品需要粉碎至 40~60 目，并放置于温度为 353.15 K 的真空烘箱中干燥 12 h 以去除样品中的水分与挥发分。甲烷吸附实验是在 323.15 K，333.15 K 及 343.15 K 三个温度下开展，实验压力设置范围为真空(0 MPa)至 30 MPa。实验过程中用到的载气是甲烷和氦气，二者的纯度均为 99.999%。甲烷吸附仪主要由天平测量系统和气体控制系统两部分组成。

(6)有机地球化学测试。

首先在通风橱内采用索氏抽提法抽提可溶有机质，抽提液由二氯甲烷和甲醇组成(二氯甲烷约 200 mL，甲醇约 15 mL)，在 353.15 K 下持续抽提 72 h；然后将抽提后的可溶有机质置于 313.15 K 的水浴锅中通过真空旋转蒸发仪凝缩体积，并将凝缩后的可溶有机质溶解在一定量的正己烷中，静置沉淀 24 h，即样品的氯仿沥青 A；接着使用脱脂棉对氯仿沥青 A 溶液进行过滤，利用柱色谱法(填充 Al_2O_3 和硅胶)分离出饱和烃、芳香烃及非烃类物质；最后对分离出的饱和烃组分进行气相色谱-质谱(GC-MS)分析，GC-MS 型号为 GCMS-QP2020NX(SHIMADZU)，色谱柱为 30 mRtx-5MS 型石英毛细管(0.25 mm×0.25 μm)，该仪器位于中南大学地质新能源研究中心。饱和烃以无分流模式进样并由氦气载入，进样器温度为 553.15 K。升温程序设定的初始温度为 353.15 K(保留 3 min)，以 276.15 K/min 的加热速率升高至 503.15 K，然后以 275.15 K/min 的加热速率升高至 583.15 K(保留 10 min)，检测器同时使用全扫(Scan)和定扫(Sim)模式从 50~550 m/z 进行扫描。

(7)元素地球化学测试。

通过 Agilent 7700e ICP-MS 来分析全岩微量元素。实验前需要将 200 目粉末样品置于 378 K 烘箱中干燥 12 h，接着称取约 50 mg 样品置于 Teflon 溶样弹中，然后缓慢依次加入 1 mL 高纯 HNO_3 和 1 mL 高纯 HF，待充分反应后，置于 463 K 烘箱中加热 24 h 以上，待溶样弹冷却后，加入 1 mL HNO_3 并蒸干，最后加入 2% HNO_3 稀释并用于 ICP-MS 测试，采用国际标准来评估数据质量，微量元素丰度的不确定性在 5%以下。全岩主量元素含量是在中南大学地球科学与信息物理学院和北京科荟测试中心测定，通过日本理学(Rigaku)生产的 ZSX Primus Ⅱ型 X-射线荧光光谱仪(XRF)分析完成。数据校正利用理论 α 系数法，测试相对标准偏差小于 2%。

(8)同位素地球化学测试。

页岩样品的有机碳同位素及全岩氮同位素的测定是在美国热电公司的 253plus 同位素质谱仪、Flash EA 元素分析仪和 Conflo Ⅳ 多用途接口分析完成。将被测试的粉末样品(20~30 mg)紧密包裹在锡舟中，接着送入高温过氧环境下瞬间燃烧，生成的 CO_2 和 N_2 通过 He 载气送入色谱柱中，最后利用质谱仪对 CO_2 和 N_2 分别进行测定。实验中采用国际标准物质 B2151($\delta^{13}C=-28.85\pm0.10‰$，$\delta^{15}N=4.32\pm0.20‰$)及 B2153($\delta^{13}C=-22.88\pm0.40‰$，$\delta^{15}N=5.78\pm0.10‰$)作为监测样本，采用单点法进行校准。每 9 个测试样品中会随机抽取一个进行重复测试，来监测仪器的运行状态。$\delta^{15}N_{bulk}$ 和 $\delta^{13}C_{org}$ 的平均标准偏差为±0.2‰。总氮(TN)含量是在氮同位素测试过程中对峰面积求和所得。对于有机碳同位素测试而言，实验前需用稀盐酸溶液去除页岩样品中碳酸盐矿物，再上机分析测定。

第 2 章
区域地质背景

2.1 构造背景

华南克拉通在奥陶—志留纪过渡时期位于冈瓦纳大陆东北缘的古赤道附近[114]。华南扬子板块自西向东可划分为上扬子、中扬子和下扬子三部分，均被广阔的陆表海所覆盖[115]。由于加里东运动，扬子板块内部发生了数次抬升作用[116, 117]，特别是随着华夏板块逐渐向扬子板块不断地挤压，扬子板块周缘的古陆也陆续上升，开始形成众多隆起，扬子海被华夏古陆和滇黔古陆所围绕，随后扬子海逐渐演变为半封闭海盆[118]。在经历了全球大规模的海侵和海退事件后，华南中上扬子地区的五峰组和龙马溪组以黑色硅质、炭质页岩为主，其中有机质和微体化石均有广泛发育。

2.2 沉积地层与生物地层特征

本研究的目的层位为中上扬子地区晚奥陶世五峰组—志留纪早期龙马溪组[图 2-1(a)]，五峰组和龙马溪组地层多呈整合接触、连续沉积的特征，仅在局部区域存在区域性不整合或地层缺失[119]，具体的地层特征简述如下。

上奥陶统临湘组：以开阔的碳酸盐岩台地相沉积为主，主要沉积浅色中厚层瘤状泥质灰岩，夹薄层页岩，可见三叶虫、腕足类等古生物化石。

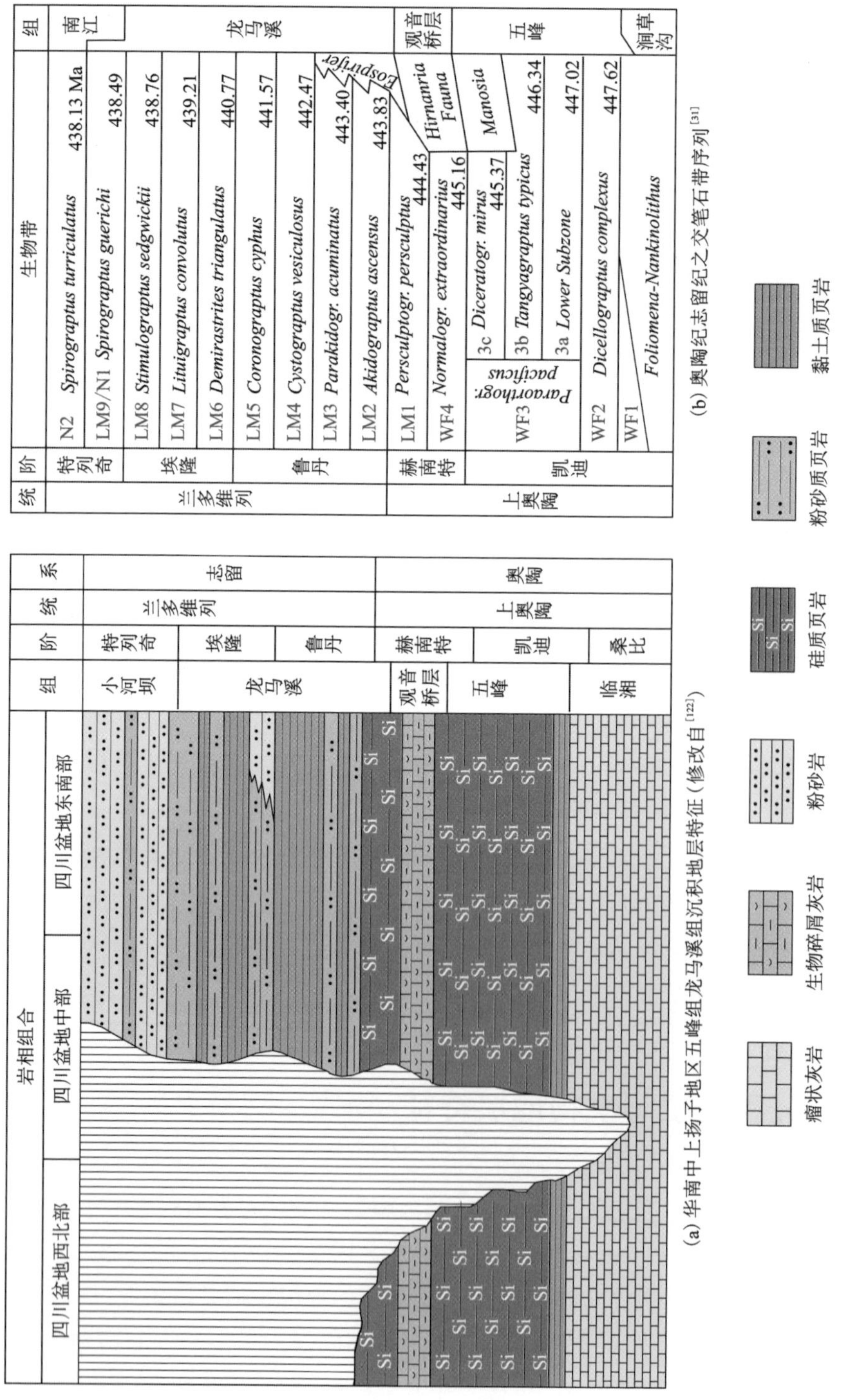

岩相组合			组	阶	统	系
四川盆地西北部	四川盆地中部	四川盆地东南部				
			小河坝	特列奇	兰多维列	志留
			龙马溪	埃隆		
				鲁丹		
			观音桥层	赫南特	上奥陶	奥陶
			五峰	凯迪		
			临湘	桑比		

(a) 华南中上扬子地区五峰组龙马溪组沉积地层特征（修改自[122]）

统	阶	生物带		组
兰多维列	特列奇	N2 *Spirograptus turriculatus*	438.13 Ma	南江
		LM9/N1 *Spirograptus guerichi*	438.49	龙马溪
	埃隆	LM8 *Stimulograptus sedgwickii*	438.76	
		LM7 *Lituigraptus convolutus*	439.21	
		LM6 *Demirastrites triangulatus*	440.77	
	鲁丹	LM5 *Coronograptus cyphus*	441.57	
		LM4 *Cystograptus vesiculosus*	442.47	
		LM3 *Parakidogr. acuminatus*	443.40	*Eospirifer*
		LM2 *Akidograptus ascensus*	443.83	
上奥陶	赫南特	LM1 *Persculptogr. persculptus*	444.43	*Hirnanria Fauna* / 观音桥层
		WF4 *Normalogr. extraordinarius*	445.16	
	凯迪	WF3 *Paraorthogr. pacificus* 3c *Diceratogr. mirus*	445.37	*Manosia* / 五峰
		WF3 *Paraorthogr. pacificus* 3b *Tangyagraptus typicus*	446.34	
		WF3 *Paraorthogr. pacificus* 3a *Lower Subzone*	447.02	
		WF2 *Dicellograptus complexus*	447.62	
		WF1 *Foliomena-Nankinolithus*		涧草沟

(b) 奥陶纪志留纪之交笔石带序列[31]

瘤状灰岩　生物碎屑灰岩　粉砂岩　硅质页岩　粉砂质页岩　黏土质页岩

图2-1　沉积地层与笔石带分布特征

上奥陶统五峰组：按照岩性差异可分为上下两段，下部岩性主要为硅质页岩、炭质页岩及薄层粉砂质页岩等，有机质含量较高，沉积时代对应着凯迪中晚期至赫南特中期；上部则为观音桥层，沉积厚度较薄，通常不超过1 m，以生物碎屑灰岩沉积为主，可见腕足类等赫南特贝动物群化石[120]，沉积时代为赫南特中期，观音桥段是划分五峰组和龙马溪组页岩的重要标志层。五峰组笔石较发育[图2-1(b)]，主要包含 *Dicellograptus complanatus* 带、*Dicellograptus complexus* 带、*Paraorthograptus pacificus* 带及 *Normalograptus extraordinarius* 带等4个笔石带[31, 121]除笔石外，亦可见海绵骨针、疑源类、几丁石、放射虫等微体古生物化石，五峰组与下伏临湘组呈整合接触。

龙马溪组：沉积时代为奥陶纪赫南特晚期至志留纪埃隆中晚期，按照有机质丰度和岩性差异可分为上下两段，下段主要沉积黑色厚层状硅质页岩和炭质页岩，水平层理较发育，有机质含量高；上段则以灰色粉砂质页岩和泥质页岩为主，有机质含量低。龙马溪组笔石发育[图2-1(b)]，特别是下段尤为丰富，主要包括 *Metabolograptus persculptus* 带、*Parakidograptus acuminatus* 带、*Akidograptus ascensus* 带、*Coronograptus cyphus* 带、*Cystograptus vesiculosus* 带、*Demirastrites triangulatus* 带、*Lituigraptus convolutus* 带、*Spirograptus guerichi* 带及 *Stimulograptus sedgwickii* 带等9个笔石带[31]，笔石带可作为地层划分和对比的重要标准。除笔石外，放射虫、海绵骨针、疑源类、牙形石和虫颚等微体化石也广泛分布在龙马溪组下段页岩中，是本次研究的重点层位。五峰组黑色页岩和龙马溪组下段黑色页岩共同构成了有机质富集层段，是四川盆地目前勘探开发的重点页岩气目的层位。

小河坝组：为龙马溪组上覆地层，可分为上、下两段，下段主要为沉积粉砂岩，上段以粉砂质页岩为主，发育水平层理、交错纹层等沉积构造，与下伏龙马溪组呈整合接触。

2.3 研究剖面沉积特征

奥陶纪晚期—志留纪早期沉积的五峰组—龙马溪组页岩是四川盆地发育的三套重要的烃源岩层系之一，另外两套分别是寒武纪早期筇竹寺组(牛蹄塘组)页岩和二叠纪晚期龙潭组页岩[123]。本书挑选5个典型剖面作为研究对象，

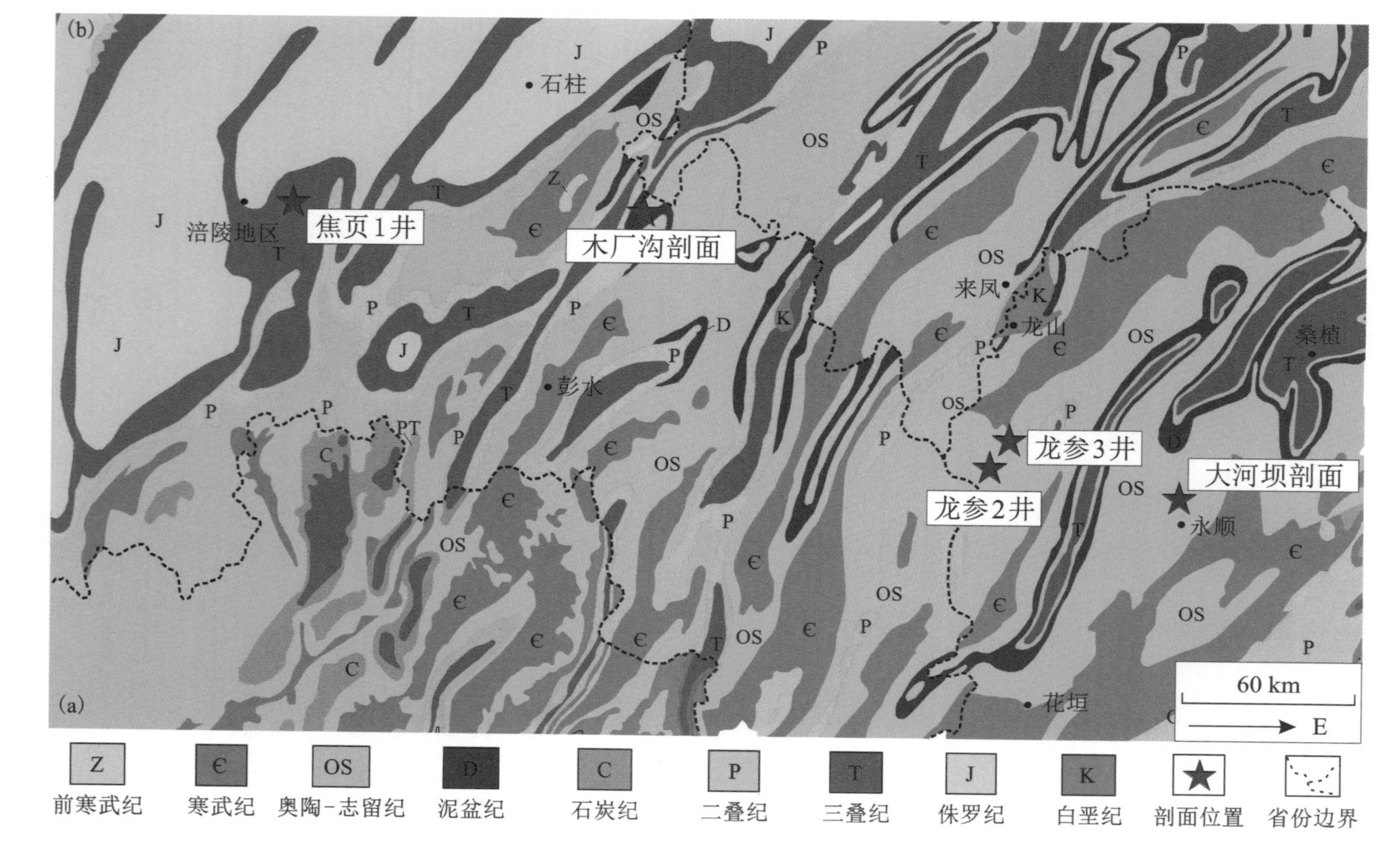

图2-2 区域地质背景与取样位置

其中龙参 2 井、龙参 3 井和大河坝剖面位于湖南省，焦页 1 井和木厂沟剖面位于重庆市(图 2-2)，所有剖面均表现出相似的岩性组合和地层连续性(图 2-3)。从连井剖面可看出页岩沉积厚度由北西向南东逐渐减小，表明沉积水体深度有减小趋势，这是因为焦页 1 井和木厂沟剖面主要位于四川盆地中部，沉积水体较深，相应的五峰组—龙马溪组页岩厚度较大；而龙参 2 井、龙参 3 井和大河坝剖面则位于四川盆地东南缘，沉积水体较浅，页岩厚度相对较小。根据识别出的典型笔石生物带(图 2-4、图 2-5)和观音桥层的生物碎屑灰岩(图 2-6)，可将地层划分为五峰组(凯迪阶~赫南特阶)，观音桥层(赫南特阶)和龙马溪组(晚赫南特阶~埃隆阶)。观音桥层生物碎屑灰岩富含腕足类、海百合类等钙质化石，遇稀盐酸剧烈起泡。依据岩性和有机质含量差异，可将龙马溪组页岩进一步划分为上下两段。五峰组和龙马溪组下段黑色富有机质页岩通常被认为是优质的产气层段，主要是硅质页岩和炭质页岩，有机质含量高；而龙马溪组上段则以灰色泥质页岩和泥质粉砂岩为主，有机质含量通常较低[124]。页岩中干酪根类型主要为Ⅰ型和Ⅱ型，有机质成熟度较高，等效镜质体反射率(Ro)为 2.15%~3.14%[12]。

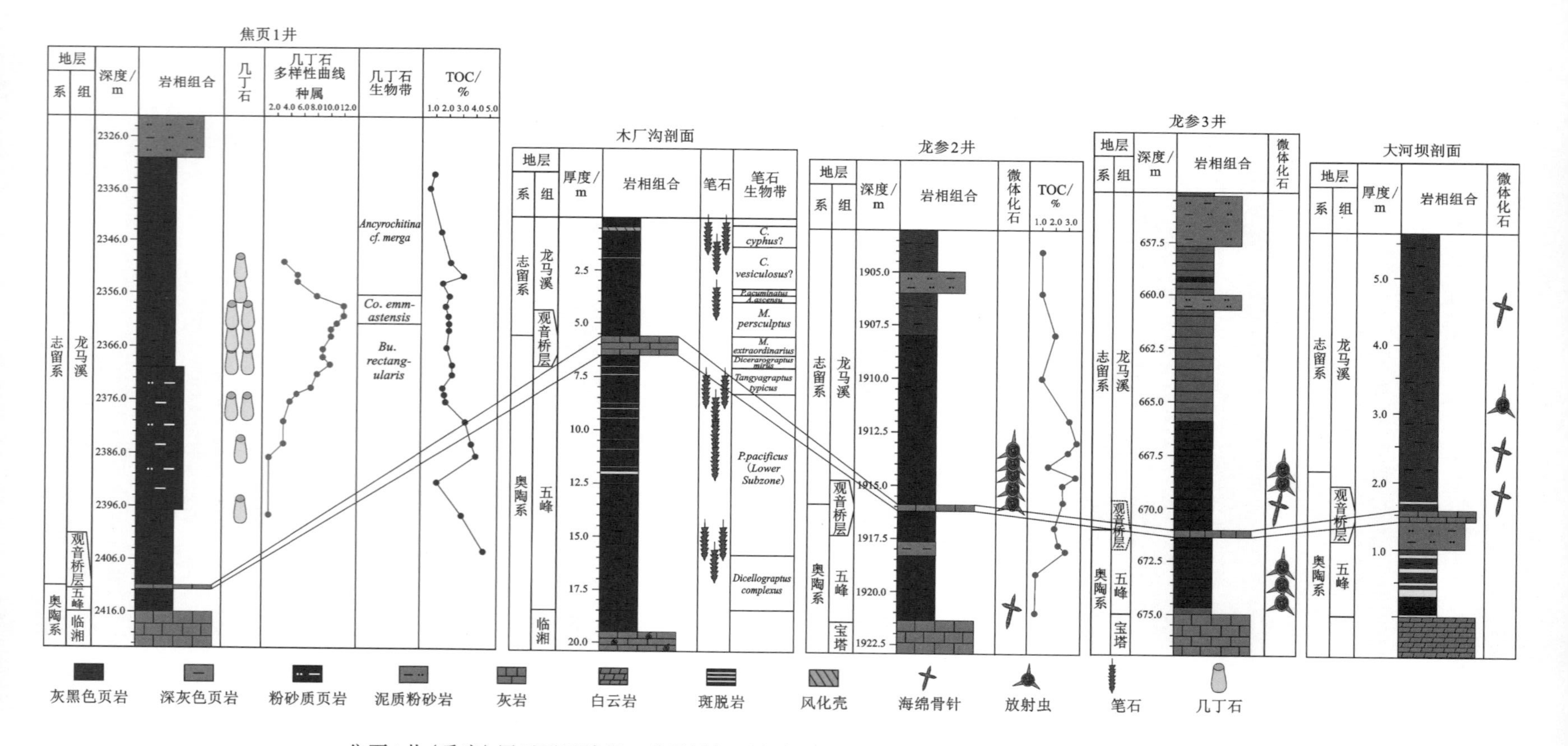

焦页1井（重庆）展示了五峰组—龙马溪组页岩中几丁石的丰度分布曲线，TOC数据来自[125]；
龙参2井（湖南）展示了五峰组—龙马溪组页岩中放射虫和海绵骨针的分布及相应TOC含量；
龙参3井（湖南）展示了放射虫和海绵骨针的分布特征；
木厂沟剖面（重庆）展示了笔石生物带及分布特征；
大河坝剖面（湖南）修改自[23]，展示了海绵骨针和放射虫的分布特征。

图2-3　研究区钻井（焦页1井，龙参2井，龙参3井）与露头剖面（木厂沟剖面，大河坝剖面）的岩性柱状图

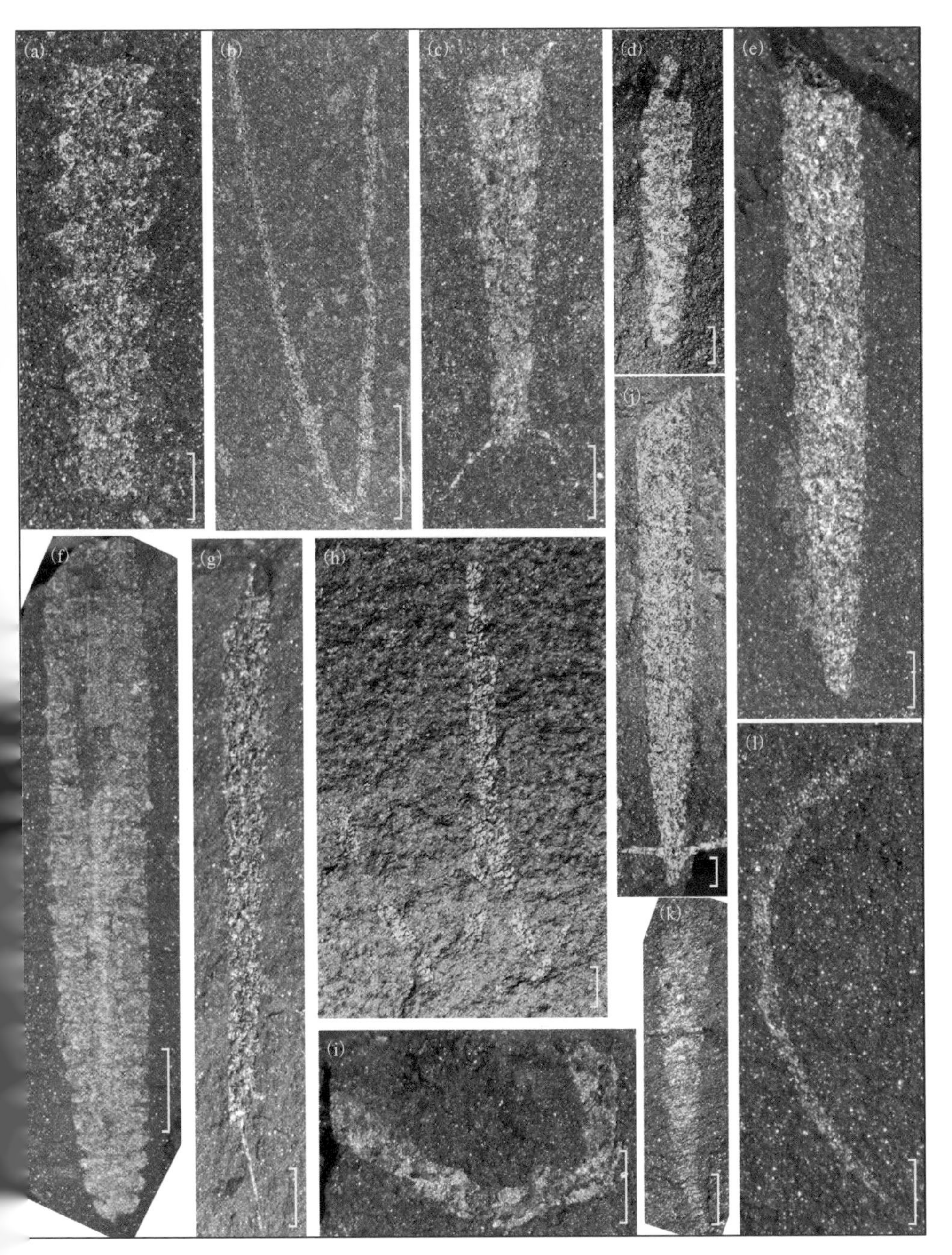

(a) *Rectograptus abbreviatus*, 14CM－3a－1；(b) *Dicellograptus angulatus*, 17CM－11b－1；(c) *Appendispinograptus supernus*, 18CM－16－4；(d) *Normalograptus* sp., 64CM－8a－1；(e) *Metabolograptus persculptus*；49CM－3－1；(f) *Cystograptus vesiculosus*；105CM－6b－1；(g) *Akidograptus* sp.；90CM－9－1；(h) *Tangyagraptus typicus* Mu；59CM－11b－1；(i) *Dicellograptus complexus*；41CM－7－2；(j) *Climacograptus hastatus* Ge；69CM－20－1；(k) *Parakidograptus acuminatus*；100CM－12－3；(l) *Coronograptus* sp.；102CM－8－1。图(b)和(f)中比例尺表示 5 mm，其余图中比例尺均表示 1 mm。

图 2-4　木厂沟剖面五峰组—龙马溪组笔石生物带特征

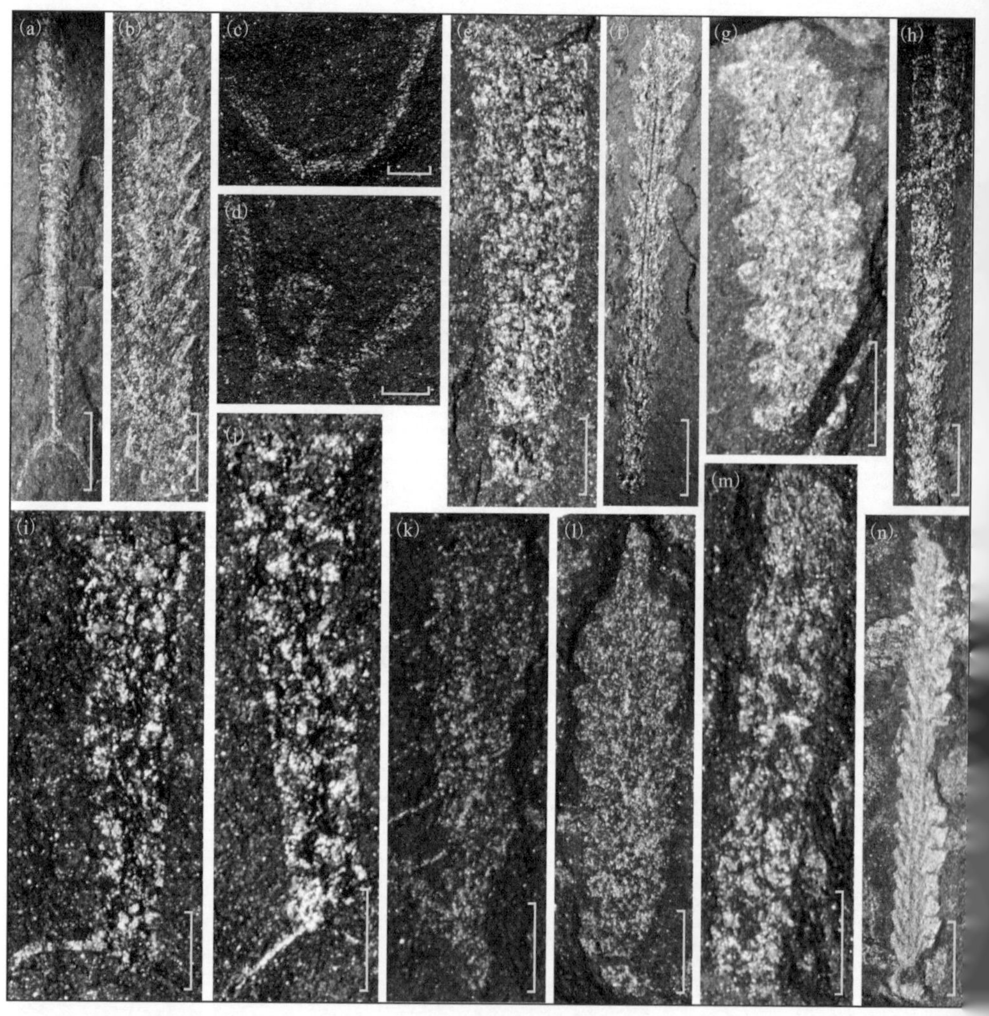

(a) *Appendispinograptus longispinus*, 1920. 50 m; (b) *Rectograptus abbreviatus*, 1920. 50 m; (c) *Dicellograptus complexus*, 1916. 80 m; (d) *Dicellograptus ornatus*, 1915. 88 m; (e) *Rectograptus abbreviatus*, 1916. 80 m; (f) *Anticostia* sp., 1915. 88 m; (g) *Rectograptus* sp., 1915. 38 m; (h) *Anticostia* sp., 1915. 38 m; (i) *Appendispinograptus leptothecalis*, 1915. 38 m; (j) *Appendispinograptus supernus*, 1915. 38 m; (k) *Hirsutograptus sinitzini*, 1913. 97 m; (l) *Cystograptus vesiculosus*? 1912. 37 m; (m) *Normalograptus mirnyensis*, 1912. 07 m; (n) *Normalograptus* sp., 1911. 57 m。所有比例尺均表示 1 mm。

图 2-5　龙参 2 井五峰组—龙马溪组笔石生物带特征

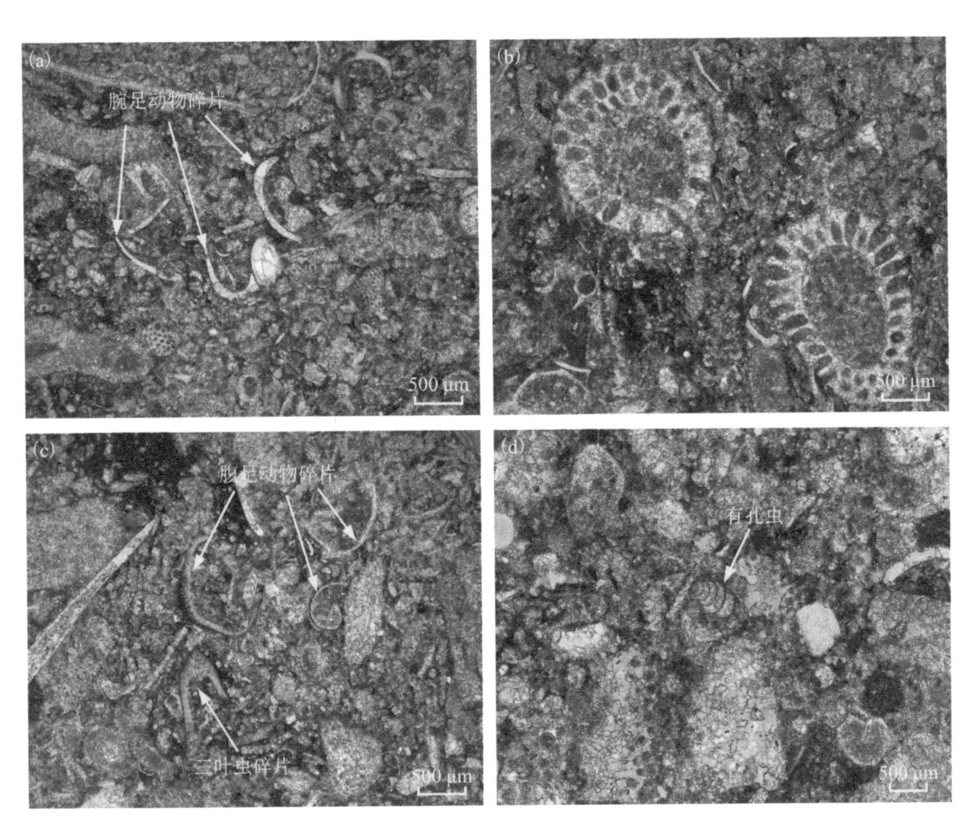

(a)腕足动物碎片；(b)钙藻化石的横截面?；(c)腹足动物及三叶虫的生物碎片；
(d)有孔虫生物壳体；所有照片均是在单偏光下拍摄。

图 2-6　观音桥层钙质灰岩中保存的底栖生物化石(1915.90 m，龙参 2 井)

第 3 章

微体化石类型及其孔隙特征

本次研究共识别出放射虫、海绵骨针、疑源类、牙形石、几丁石及虫颚6类微体化石，同时大量微/纳米级孔隙广泛发育于各类微体化石中，孔径大小为20~4000 nm，不同微体化石孔隙的形状、大小、分布及密度等特征各不相同。

3.1 各类微体化石特征

3.1.1 放射虫

放射虫(radiolarian)是一种由无定形二氧化硅组成的单细胞海洋真核生物，属原生动物门肉足虫纲放射虫亚纲，广泛分布在海洋中，是重建古环境、地层划分和对比研究中最重要的生物地层标志化石之一[126-128]。放射虫属于异养型生物，拥有复杂的伪足系统，用来捕捉细菌、藻类等微生物作为食物来源。据报道，放射虫个体大小为30~200 μm，形状多以球形、钟罩形为主[23, 160]。放射虫可能最早出现于寒武纪早期，甚至是新元古代晚期[129]，并在华南晚奥陶—志留纪早期地层中已广泛分布[130]。前人研究表明四川盆地五峰组—龙马溪组页岩中保存的放射虫化石丰度较高，种属相对单一，主要为泡沫虫目和内射球虫目，常可见浅海至半深海环境下的放射虫组合类型[40, 131]。有学者根据放射虫结构特征推断其可能生活在100 m左右的海洋中[40]。

本次研究识别出大量放射虫化石，光薄片下可清晰看到放射虫呈球形或椭球形[图3-1(a)~(c)]，有些放射虫化石呈层状展布[图3-1(d)(e)]，有些

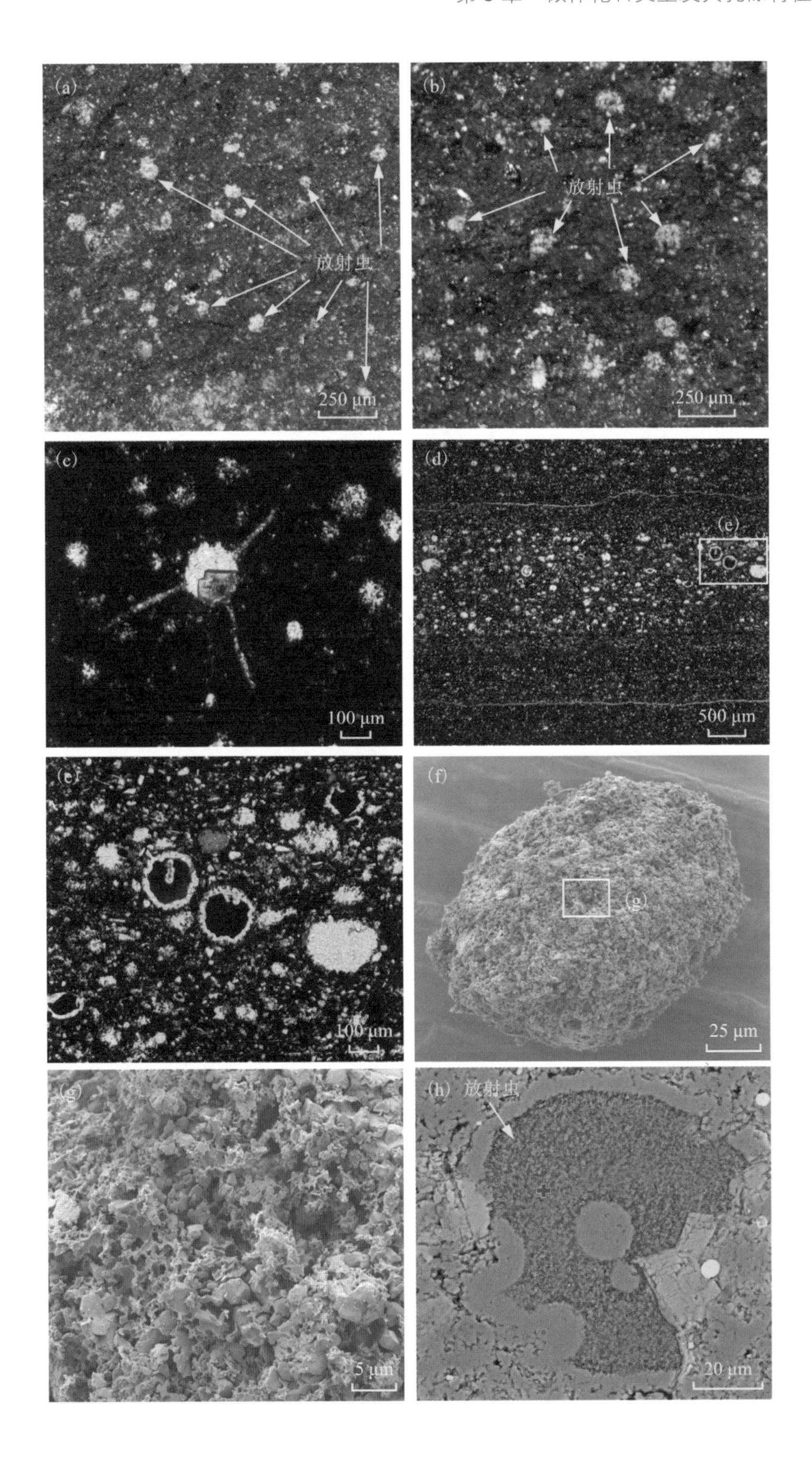
(a)
放射虫
250 μm
(b)
放射虫
250 μm
(c)
100 μm
(d)
(e)
500 μm
(e)
100 μm
(f)
(g)
25 μm
(g)
5 μm
(h) 放射虫
20 μm

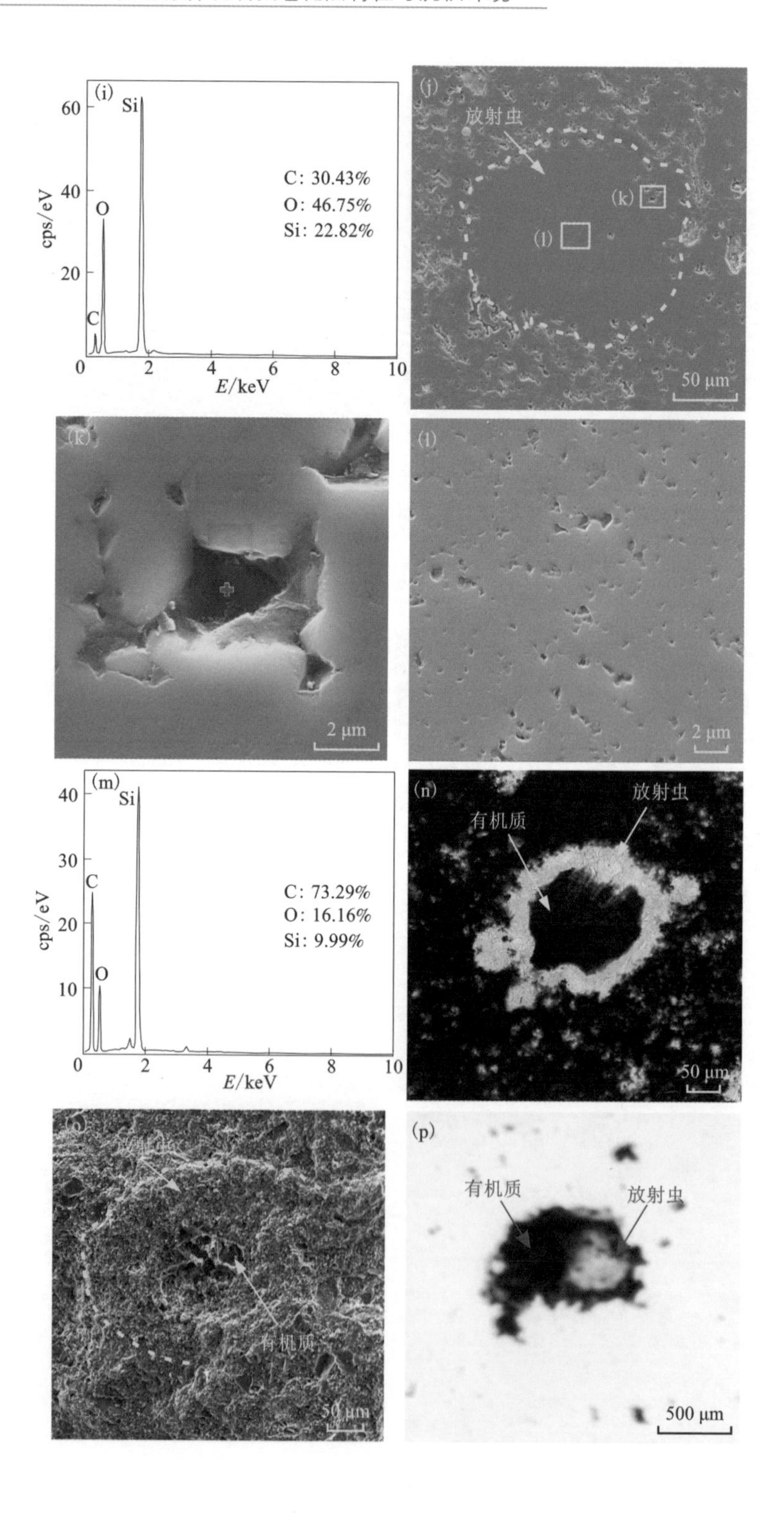
(i)
Si
O
C
C: 30.43%
O: 46.75%
Si: 22.82%
cps/eV
E/keV
(j)
放射虫
(k)
(l)
50 μm
(k)
2 μm
(l)
2 μm
(m)
Si
C
O
C: 73.29%
O: 16.16%
Si: 9.99%
cps/eV
E/keV
(n)
放射虫
有机质
50 μm
有机质
50 μm
(p)
有机质
放射虫
500 μm

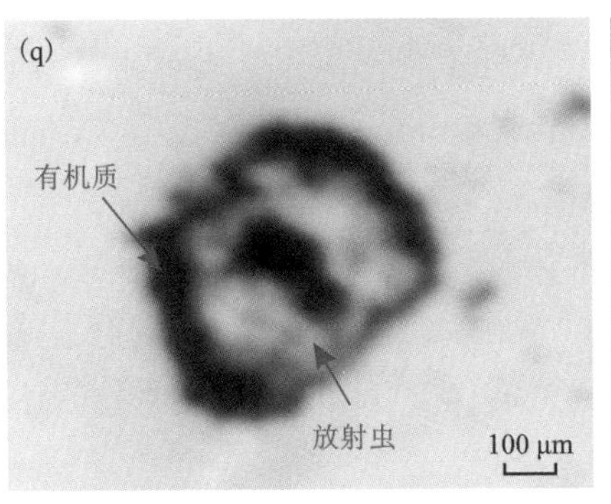

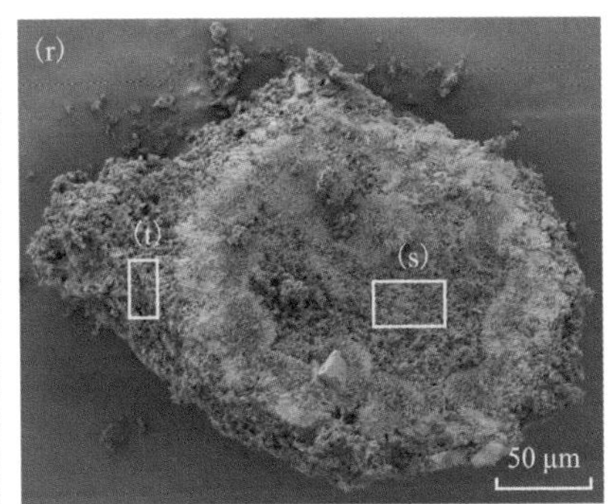

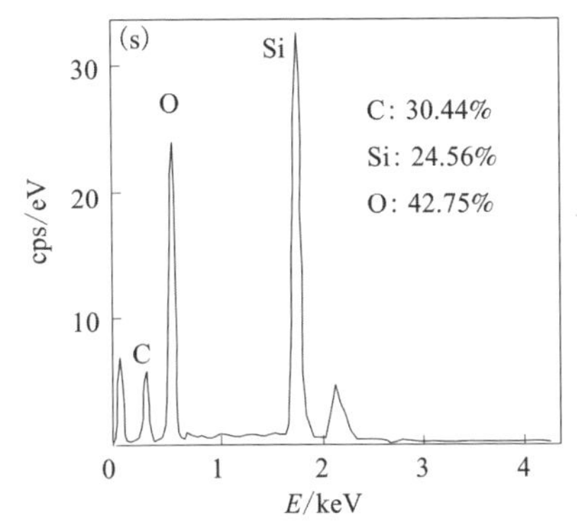

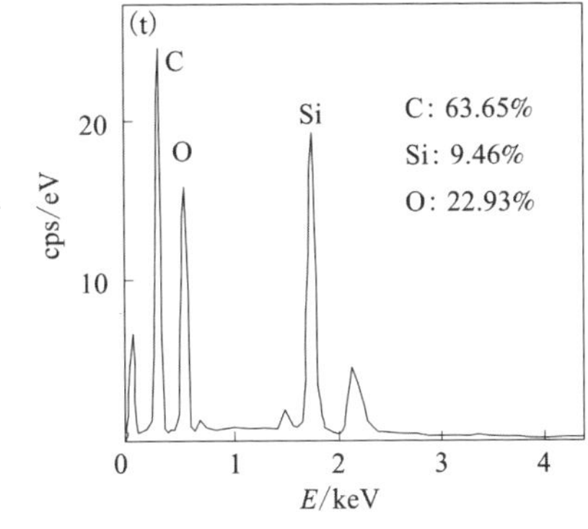

(a)(b)放射虫化石呈球形或椭球形保存在页岩中，大河坝剖面，体视显微镜；
(c)保存完好的放射虫刺，龙参 2 井，单偏光；
(d)放射虫化石呈层状分布，龙参 2 井，单偏光；
(e)放射虫个体大小各异，龙参 2 井，单偏光；
(f)(g)经氢氟酸处理后挑选的放射虫，放射虫壳体由微晶石英颗粒组成，龙参 2 井，扫描电镜；
(h)光薄片中观察到的放射虫的扫描电镜图像，龙参 2 井；
(i)图(h)中标记处能谱数据，反映放射虫空腔内充填着微晶石英颗粒和有机质；
(j)(k)(l)光薄片中观察到的放射虫置于扫描电镜下图像，放射虫壳体上发育大量化石孔隙，龙参 2 井；
(m)图(k)中标记处能谱数据，反映放射虫壳体上的化石孔隙充填有机质；
(n)有机质充填在放射虫空腔内，龙参 2 井，单偏光；
(o)有机质充填在放射虫空腔内，大河坝剖面，扫描电镜；
(p)(q)经氢氟酸处理后挑选的放射虫，放射虫壳体外仍包裹着一圈等厚环边状有机质，龙参 2 井，体视显微镜；
(r)(s)(t)放射虫空腔内的有机碳含量低于生物壳体上的碳含量，龙参 2 井，扫描电镜。

图 3-1　五峰组—龙马溪组页岩中放射虫化石特征

则随机分布[图3-1(a)(b)]。放射虫种类繁多，大小各异，个体直径为70~290 μm。扫描电镜观察和能谱数据分析表明，放射虫壳体主要是由微晶石英颗粒组成[图3-1(f)~(i)]，同时，放射虫壳体上仍保留大量化石孔隙[图3-1(j)~(m)]，孔隙常常呈蜂窝状或不规则状密集分布，孔径为30~4000 nm，属于介孔和宏孔。值得注意的是，放射虫化石常常与有机质共生[图3-1(n)(o)]，甚至经过氢氟酸处理后的放射虫化石壳体上仍包裹着有机质[图3-1(p)(q)]。有机质既可以充填在放射虫的空腔中，又可以分布在放射虫壳体的化石孔隙中，能谱数据显示放射虫空腔内的有机碳含量明显低于生物壳体上的碳含量[图3-1(r)~(t)]。

3.1.2　海绵骨针

海绵(*sponge*)是一类由二氧化硅组成的多孔纲(*perifera*)水生动物，是古环境和古生态重建的重要指标[132]。大多数海绵都拥有丰富的生物矿化骨针，据报道，最古老的海绵骨针出现在埃迪卡拉纪-寒武纪过渡时期[133]。骨针主要是海绵的硅质骨骼，一方面向海绵输送营养物质，另一方面可增强海绵体的硬度，有利于其在海洋中生存[134]。前人研究表明四川盆地五峰组—龙马溪组页岩中保存的海绵骨针多呈两轴四射式，骨针内部易被黄铁矿交代。横切面直径小于100 μm，可全部被硅质矿物充填，或呈现出硅质矿物包裹有机质的现象[125]。

在研究区内识别并挑选出的海绵骨针中，有些骨针体被完整地保存了下来，有些则只是保存了一部分(图3-2)。它们常常随机分布在页岩层面上，主要是由小的六射骨针和单轴骨针组成，可被黄铁矿或铁的氧化物交代。海绵骨针的腔体通常被硅质胶结物充填，同时，可见大量微/纳米孔隙发育在硅质胶结物中[图3-2(h)]。孔隙呈圆形或椭球形，孔径分布范围为0.30~1.94 μm，显示出较高的孔隙分布密度(大于50%)。但在海绵骨针的壳体上少见微/纳米孔隙的发育。

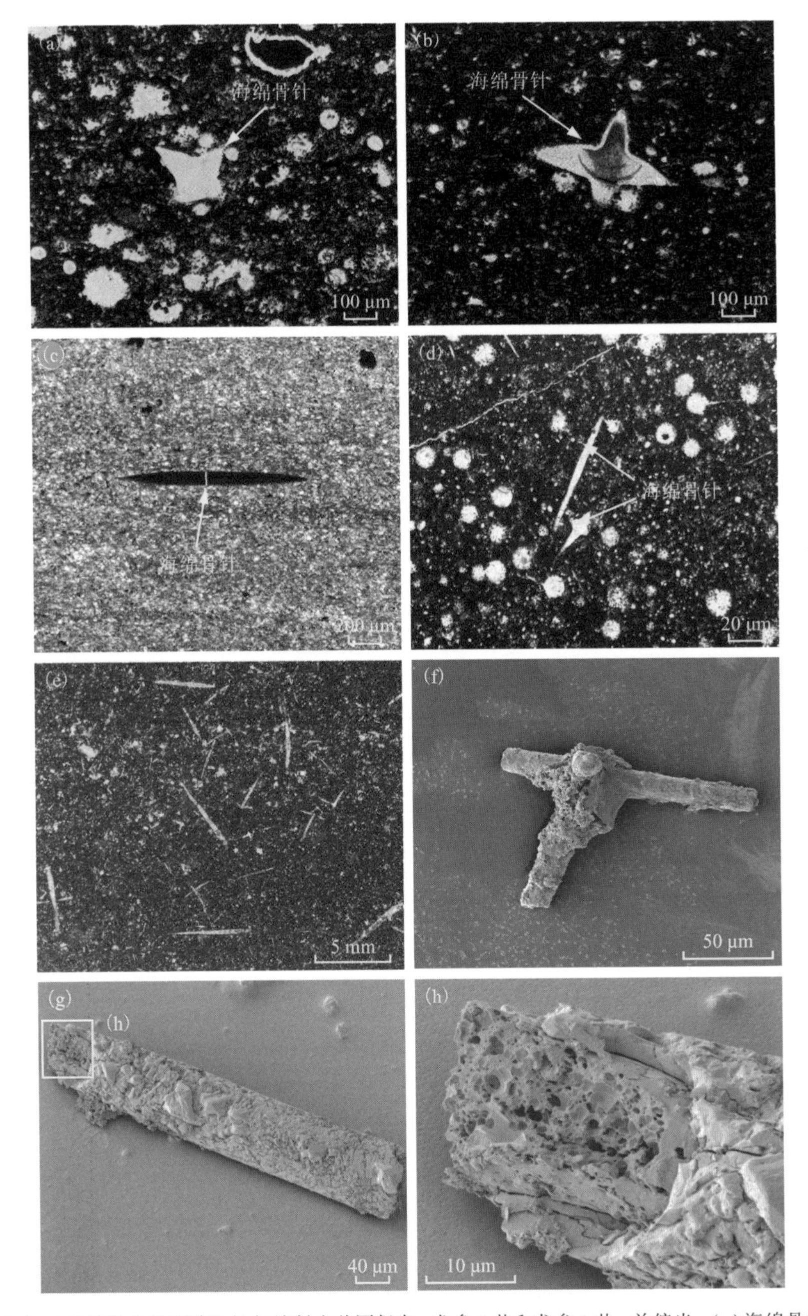

(a)～(d)可见硅质海绵骨针与放射虫共同保存，龙参 2 井和龙参 3 井，单偏光；(e)海绵骨针在页岩层面上随机分布，木厂沟剖面，体视显微镜；(f)～(h)经酸处理后挑选的海绵骨针，可见大量微/纳米孔隙发育在骨针空腔的硅质胶结物中，木厂沟剖面，扫描电镜。

图 3-2　五峰组—龙马溪组页岩中海绵骨针化石特征

3.1.3 疑源类

疑源类(*acritarch*)是指一类未知起源的或不确定起源的微体化石集合体，它们具有简单的囊泡开口结构，可能是藻类的囊孢，通常其生物壳壁的主要成分是有机质[135]，被认为是一类重要的生烃母质。据报道，多数古生代疑源类的形态和成分与现代有机壁的浮游植物极为相似，疑源类丰度在一定程度上可以反映原始古生产力高低[136]。此外，疑源类还可作为生物地层划分和区域对比的重要指示化石[137]。前人研究表明四川盆地五峰组—龙马溪组页岩中保存的疑源类化石丰度较高且形态多样，内部结构可呈平滑均一的光面球状，或边缘不平整的锯齿状、瘤面椭球状等[138]，主要有以下 7 种：网面球藻(五峰组)、刺球藻(五峰组)、多叉藻(五峰组)、别格球藻(五峰组)、塔潘藻(五峰组)、光面球藻(龙马溪组)、角球藻(龙马溪组)[125]。本次研究中，挑选出酸处理后的疑源类化石并放置于聚焦离子束扫描电镜中，可观察到大量微纳米化石孔隙随机发育[图 3-3(a)(b)]，孔隙分布密度高，这与胥畅等[26]的研究认识一致，孔径分布范围为 0.02~0.43 μm，小于海绵骨针中的孔隙。

3.1.4 牙形石

牙形石/牙形刺(*conodont*)是一类主要成分为磷酸钙的牙形动物骨骼微体化石，可用 $Ca_5Na_{0.14}(PO_4)_{3.01}(CO_3)_{0.16}F_{0.73}(H_2O)_{0.85}$ 的化学式表达[139]，出现在寒武系至三叠系海相地层中，并在奥陶纪早—中期和泥盆纪中期经历了两次辐射高峰[140]。其广泛分布在浅海陆架至深水盆地环境中，常见于碳酸盐岩地层中，在页岩或泥岩中亦可观察到，特别是在晚古生代，牙形石的快速演化和丰度高的特点在古环境、古气候及地球化学研究中发挥着重要作用[141]。此外，牙形石已被证明是确定地质年代尺度和全球层型剖面的有效工具[142]。前人研究表明牙形石在形貌上可分为单锥型、平台型及复合型三种类型，结构上包括基腔和齿冠两部分[143]。本次研究中，挑选出的牙形石经聚焦离子束切割后，其切面厚度为 8.78~10.66 μm，与胥畅等[26]的早期研究结论相似，牙形石切面中发育着大量纳米级化石孔隙，孔隙多呈椭球形且孤立存在，但在切面上分布均匀，大多数孔隙呈开放或半开放状，孔径分布范围为 41~365 nm[图 3-3(c)]。

(a)经聚焦离子束切割后，疑源类化石横切面特征(引自[26])；

(b)图(a)中①局部放大，大量微纳米生物孔隙随机发育在疑源类化石中；

(c)牙形石横切面广泛发育纳米化石孔隙；

(d)几丁石空腔内充填有机质,且有机孔十分发育；

(e)虫颚化石横切面特征(引自[26])；

(f)图(e)中局部放大，虫颚空腔内发育一定量化石孔隙。

图3-3　五峰组—龙马溪组页岩中疑源类、牙形石、几丁石和虫颚等微体化石在聚焦离子束扫描电镜下的特征

3.1.5 几丁石

几丁石/几丁虫(*chitinozoan*)是一类生活在古生代的已经灭绝的且具有有机质壳壁的微体古生物，其亲缘关系不确定[144, 145]。几丁石具有空间分布广阔的特征，是古环境重建的重要工具[146]。此外，几丁石是由含氮/氧的复杂干酪根组成，干酪根的化学成分主要是一些低脂类的芳族基团[147]，被认为是重要的生烃母质。据报道四川盆地五峰组—龙马溪组页岩中保存的几丁石多呈扁壶形或长棒形，生物壳体辐射对称，个体长度小于2 mm，壳体一端封闭，另一端呈开放状[125]，具有生物空腔结构。本次研究中，可观察到大量有机质充填在几丁石空腔内[图3-3(d)]，同时有机孔亦十分发育。孔隙多呈椭球形或不规则状，连通性良好。保存良好的有机孔可能是几丁石固有的生物结构，在后期成岩过程中未受明显机械压实作用的影响。

3.1.6 虫颚

虫颚(*scolecodont*)是一类具有有机壁的微体化石，其外壁碳含量高，钙含量低，并含有一定量硫，是底栖蠕虫(环节动物)的角质颚器，通常用来咀嚼食物[147]。据报道，虫颚广泛分布在寒武纪至泥盆纪的海相沉积物中，直至二叠纪经历了一次大灭绝，在孢粉学研究中，常可见虫颚与疑源类和几丁石等微体化石共生[148]。前人研究表明在浅水陆架环境下的虫颚化石丰度较高，主要保存在泥灰岩中，个体大小为0.1~4 mm[149]。通过聚焦离子束切割后，可见一定量微纳米化石孔隙发育在虫颚空腔内[图3-3(e)(f)]，孔隙多呈不规则状分散分布。

3.2 微体古生物对生烃贡献

笔石(*graptolite*)是下古生界黑色页岩中最重要的宏体化石(肉眼可见，可不借助显微镜观察描述)之一，是地层划分和区域地层对比不可或缺的有效工

具。有学者指出笔石是页岩中有机质的重要组成部分[33, 150]，但以笔石为代表的宏体古生物通常占据着能量金字塔顶端的位置，其丰度对有机质富集的影响往往有限[151]。相比之下，微体古生物与高初级生产力(如浮游植物、浮游动物及小型浮游生物)密切相关，能够促进海洋沉积物中有机质的累积[85]。

大多数奥陶纪疑源类是海洋浮游植物的休眠囊孢[152]，在古生代食物链中充当初级生产者的角色，为海洋系统提供营养物质[153]，是一类重要的生烃母质。尽管几丁石的亲缘性尚不清楚，但其化学组成主要是一种富氮/氧的低脂类芳族基团组成的干酪根[147]，具备一定的生烃能力。据报道，在现代海洋环境中，自养型浮游动物每年可贡献约 0.7×10^9 t 有机碳[154]。

放射虫、海绵骨针等硅质微体化石中的生物成因硅对海相页岩中有机质的富集同样起到重要作用[40, 155]。有研究认为海水中溶解的生物成因硅可以促进处于食物链底部的海洋生物(如浮游藻类)快速生长[156]，说明放射虫、海绵骨针等硅质生物的大量富集是高初级生产力的重要指标。例如，美国 Barnett 页岩研究表明，富含生物成因硅的页岩层段 TOC 含量较高，通常为4%~18%，平均为7.1%[40, 157]。在本研究中也观察到了相似的结果，如龙参2井龙马溪组下段富放射虫页岩层常对应着高 TOC 含量。

3.1.1 节中介绍了放射虫生物壳体上常包裹着一圈等厚环边状有机质。这可能是因为放射虫为了获取营养物质会充分利用伪足网络来捕获古海洋中的浮游藻类，保存为化石后遗留下的有机质。一方面，放射虫为浮游藻类提供寄居场所，另一方面藻类通过光合作用为放射虫提供营养物质，二者形成相互依赖的共生关系[158, 159]。有研究指出与放射虫共生浮游藻的生烃潜力是周围海水中其他浮游藻类的3倍[127, 160]。因此，这种互利共生的生物组合也是页岩油气生成的重要母质来源。

3.3 微体化石孔隙对页岩孔隙系统贡献

页岩孔隙系统为页岩气提供了储集空间和运移通道，目前，大量研究针对富有机质页岩中的孔隙类型、大小、形状、分布及连通性等进行了详细的描述[8, 9]。有学者提出有机质孔隙和微体化石中发育的纳米级化石孔隙对预测页岩气储量至关重要[27, 161]。本研究中，我们发现多数微体化石的体腔及生物壳壁上发育了丰富的微/纳米级化石孔隙，如放射虫和海绵骨针自身具有中空的体腔，尽管在后期埋藏成岩过程中体腔部分或完全被石英、黏土矿物或有机质充填，但仍可观察到大量保存下来的化石孔隙。此外，广泛分布的生物成因硅质在页岩中会形成刚性格架区域，可抵抗部分上覆地层压实作用，有利于化石孔隙的保存，如几丁石发育纳米级蜂窝状孔隙结构，尽管经历后期沉积成岩作用的改造，但蜂窝状孔隙仍保留完好。微体化石孔隙的发育大大增强了页岩孔隙系统的多样性，甚至为页岩气的赋存方式提供了一种新思路。通常认为页岩气以吸附气的形式赋存在有机孔中，以游离气的形式富集在黏土矿物粒间孔或微裂缝中，而在富微体化石页岩层位中，页岩气还可能以吸附气的形式吸附在几丁石、疑源类等微体化石发育得较小的纳米级化石孔中，以游离气的形式储集在放射虫、海绵骨针等微体化石发育得较大的化石孔中。关于微体化石(如放射虫)对页岩储层孔隙的定量影响详见下一章节。

微体化石孔隙在三维空间中具有良好连通性[图 3-1(g)、图 3-2(h)、图 3-3(d)]。有研究指出如果微体化石孔隙与沥青质、干酪根等有机质孔隙相互连通，那么在三维空间中很容易形成有机-无机孔隙网络[25]。在本研究中，我们观察到放射虫壳体上包裹的有机质中发育大量有机孔，这种有机孔与相邻的放射虫化石孔在三维空间中彼此相互连接后，可极大地增强页岩孔隙网络的连通性，有效提高页岩储层渗透率，有利于页岩气的运移。

页岩孔隙系统具有显著的非均质性[162]，影响非均质性的因素有许多，如岩相组合、TOC 含量及成岩作用差异性等[163]。在本次研究中，我们认为微体化石孔隙对富有机质页岩孔隙结构的非均质性亦有显著影响。具体表现为不同种属微体化石发育的化石孔隙在形状、大小、分布及连通性等方面存在明显差异(图 3-4)，如放射虫、海绵骨针及几丁石中发育着大量保存完好的孔隙，而虫颚化石仅发育一定量的化石孔隙，并且不同化石孔隙的分布密度也存在差异。这表明不同类别的微体化石孔隙会在一定程度上增加页岩孔隙系统的非均质性。

特征＼化石	放射虫（*radiolarian*）	海绵骨针（*sponge spicule*）	疑源类（*acritarch*）
孔径	30~4000 nm	300~2000 nm	20~500 nm
类型	介孔-宏孔	宏孔	介孔-宏孔
形态	蜂窝状或不规则状	椭球状	椭球状或不规则状
分布	均匀分布	均匀分布	随机分布
密集程度	密集	密集	分散
典型孔隙特征	10 μm	10 μm	1 μm

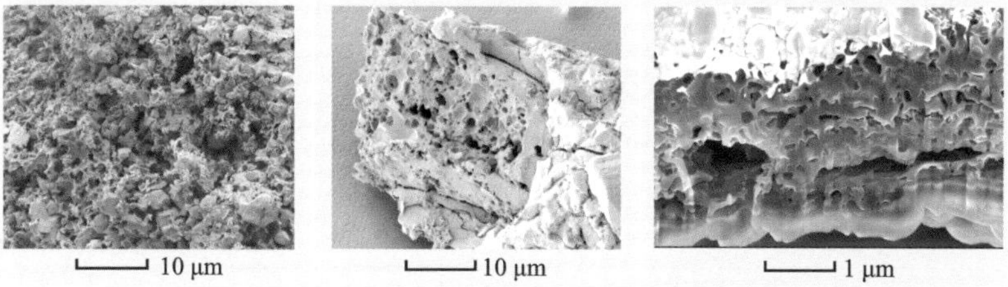

特征＼化石	牙形石（*conodont*）	几丁石（*chitinozoan*）	虫颚（*scolecodont*）
孔径	40~400 nm	260~4000 nm	100~2000 nm
类型	介孔-宏孔	宏孔	宏孔
形态	椭球状	蜂窝状	不规则状
分布	均匀分布	均匀分布	随机分布
密集程度	密集	密集	分散
典型孔隙特征	4 μm	40 μm	2 μm

图 3-4　不同种类微体化石孔隙发育特征

3.4　微体化石对页岩裂缝影响

页岩中发育的裂缝是页岩气运移的重要通道[155]，同时也可以大大提高后期水力压裂的效率。在某种程度上，天然裂缝的发育程度会直接影响页岩气的勘探开发。石英是一种重要的脆性矿物组分，页岩中的脆性矿物含量越高，页岩的抗压实能力越强，在埋藏成岩过程中更容易产生天然裂缝，有利于后期水力压裂过程中人造裂缝的形成，有效提高了储层的渗流能力。研究指出脆性矿物含量超过 40%，黏土矿物含量低于 30%的页岩具有商业开采价值[57, 66]。

以龙参 2 井中裂缝相对发育的层段为研究对象，研究表明样品中的 SiO_2 含量较高(57% ~ 78%)，特别是在放射虫富集的深度段这一特征尤为显著(表 3-1)。像放射虫这类硅质微体化石可显著地增加页岩中 SiO_2 的含量，这也意味着放射虫富集的页岩层段更显脆性。如图 3-5 所示，富放射虫的页岩发育连通性良好的裂缝网络，单个裂缝呈线状或曲线状分布，裂缝中常充填石英和方解石等自生矿物，部分充填了黄铁矿。裂缝宽度为 0.01~0.12 mm，长度为 1.15~15.30 mm，多数裂缝以平行纹层的方式发育，偶见垂直纹层的裂缝。

表 3-1　龙参 2 井五峰组—龙马溪组页岩中裂缝发育特征

深度/m	SiO_2 含量/%	TOC 含量/%	裂缝密度/(条·cm^{-1})	宽度/mm	长度/mm	裂缝类型	充填矿物	备注
1921.00	62.86	0.54	2.00~3.00	0.01~0.03	10.07~15.30	平行纹层	石英	
1920.50	59.33	2.17	2.00~3.00	0.01~0.03	1.26~15.06	平行纹层	石英+黄铁矿	
1918.85	68.28	2.03	5.00~8.00	0.01~0.04	1.15~7.50	平行纹层	石英	
1915.38	65.02	3.54	2.00~5.00	0.02~0.03	4.38~8.76	平行纹层	石英	
1914.90	73.37	2.62	4.00~6.00	0.04~0.11	2.06~15.00	平行纹层	石英+碳酸盐矿物	富放射虫层段
1914.68	78.09	3.63	4.00~5.00	0.01~0.02	1.28~6.03	垂直纹层	石英	富放射虫层段
1913.87	75.74	1.44	4.00~6.00	0.03~0.12	8.06~14.09	垂直纹层	石英+碳酸盐矿物	富放射虫层段
1913.47	67.86	2.90	4.00~15.00	0.01~0.02	8.22~12.55	平行纹层	石英	富放射虫层段
1911.07	57.76	3.13	2.00~3.00	0.01~0.02	1.25~5.00	平行纹层	石英	

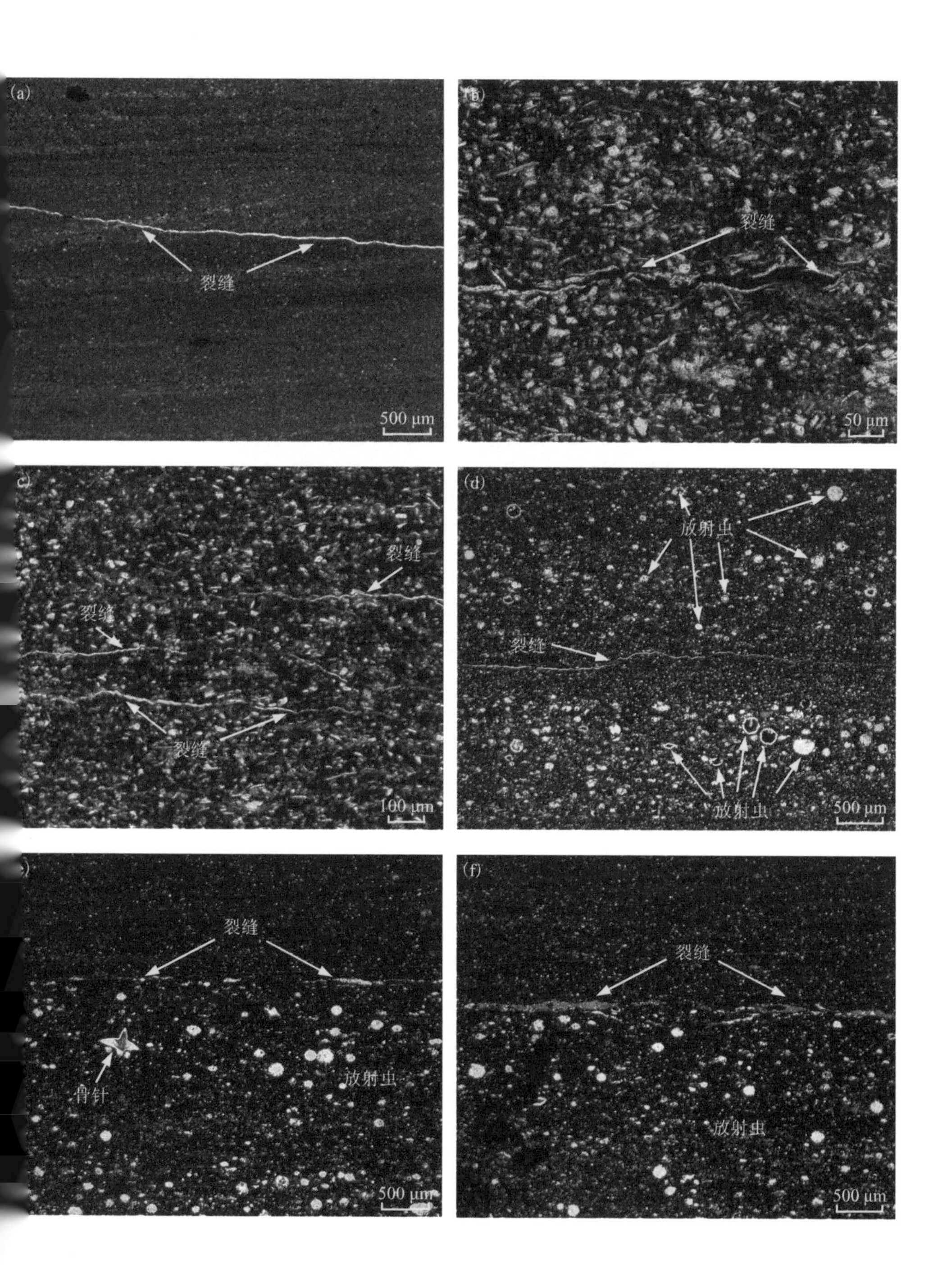
(a)
裂缝
500 μm
(b)
裂缝
50 μm
(c)
裂缝
裂缝
裂缝
100 μm
(d)
放射虫
裂缝
放射虫
500 μm
裂缝
骨针
放射虫
500 μm
(f)
裂缝
放射虫
500 μm

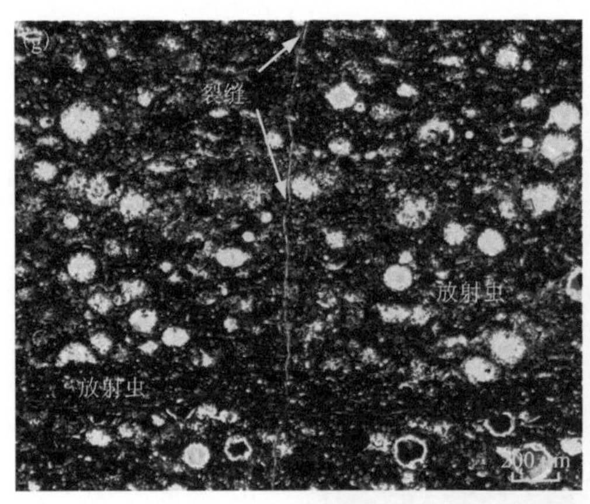

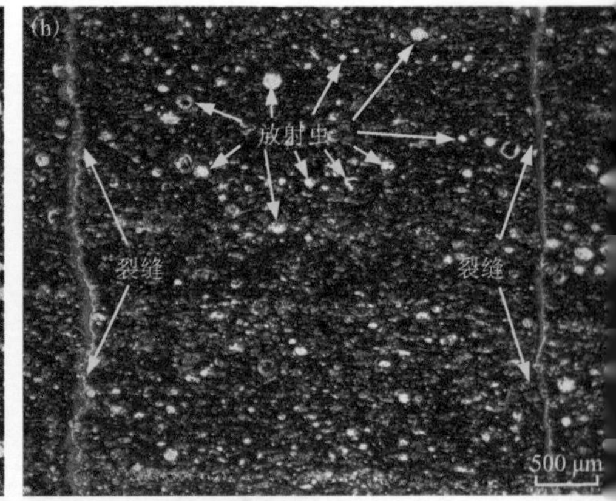

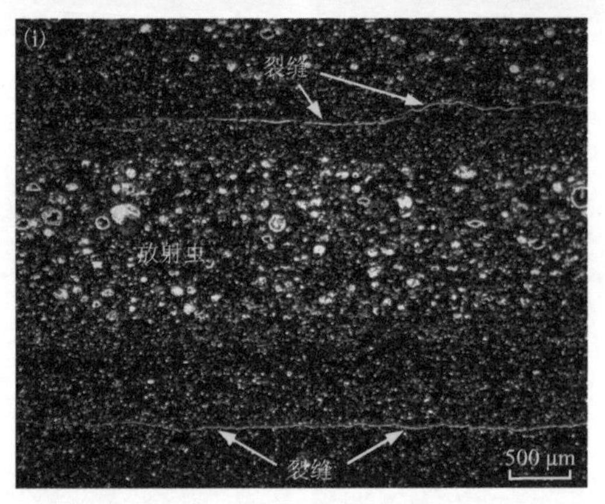

(a)裂缝中充填石英；(b)石英和黄铁矿充填在裂缝中；(c)裂缝中充填石英；(d)裂缝中充填石英，放射虫富集层段；(e)裂缝中充填石英，放射虫、海绵骨针等硅质生物富集层段；(f)裂缝中充填碳酸盐矿物，放射虫富集层段；(g)裂缝中充填石英，且裂缝垂直纹层发育，放射虫富集层段；(h)裂缝中充填碳酸盐矿物，且裂缝垂直纹层发育，放射虫富集层段；(i)裂缝中充填石英，放射虫富集层段。

图 3-5　五峰组—龙马溪组页岩中裂缝特征(均为单偏光拍摄)

与常规碎屑岩储层不同，页岩是一类低孔、特低渗的致密储层。裂缝除了作为重要的储集空间外，更是页岩油气运移的主要渗流通道。当分布的裂缝网络系统与大量微体化石孔隙相互连通后，将在一定程度上改善页岩储层的渗透率。此外，这种复杂的化石孔隙-裂缝网络系统也有利于水力压裂开采，为将生物成因硅质页岩层段作为我国南方页岩气勘探开发目标层奠定基础。

3.5　完善页岩孔隙分类方案

近年来，国内外学者在页岩孔隙研究的基础上提出了多种页岩孔隙划分方案，根据孔隙成因、孔隙结构及空间分布等特征，将页岩孔隙划分为以下几种常见的类型。如 Loucks 等[8]首次利用 FE-SEM 对页岩孔隙进行观察，并将孔隙划分为有机孔(organic-matter pores)、粒间孔(interparticle pores)、粒内孔(intraparticle pores)及裂缝孔(fracture pores)4 种常见类型；Slatt 和 O'Brien[50]以 Barnett 和 Woodford 页岩为研究对象，将孔隙划分为粒内孔(intragranular pores)、粪球颗粒孔(fecal pellets pores)、化石碎片孔(fossil fragments pores)、有机孔(organic-matter pores)、絮状孔(floccules pores)和微裂缝(microfractures)等 6 种类型；国内学者于炳松[41]根据页岩孔隙的产状和结构特征，将孔隙划分为 2 种类型：裂缝型孔隙和与基质有关的孔隙，其中与页岩基质有关的孔隙进一步划分为粒间孔、粒内孔及有机孔；聂海宽等[27]在研究我国南方过成熟海相五峰组—龙马溪组页岩时，主张将孔隙划分为矿物孔、有机孔及微裂缝 3 种类型，其中有机孔可细分为藻类孔、沥青质孔、笔石孔及化石碎片孔。

页岩中发育多种孔隙类型，其中矿物基质孔(包括粒间孔和粒内孔)、有机孔及裂缝孔是多数页岩孔隙分类方案中重点描述的对象[42]，尤其针对有机孔的形态、分布及连通性等方面开展了大量研究工作，有机孔也被认为是富有机质页岩中最重要的孔隙类型。如上所述，丰富的微体化石广泛分布在富有机质页岩层段中，各类微体化石孔隙同样也是页岩储层中重要的孔隙类型，这也是区分页岩储层与常规碎屑岩储层的重要标志，但微体化石孔隙常常被低估或完全忽略。目前，对于微体化石孔隙的归属问题没有统一的认识，存在两种划分方案[27, 42]：一种是将微体化石孔隙划分为矿物基质孔中的粒内孔；另一种则认为微体化石孔隙是有机孔的一部分。

在借鉴前人孔隙分类的基础上，同时考虑到微体古生物及其化石孔隙的重要性，我们提出一种相对简洁、客观的页岩孔隙分类方案(图 3-6)，主要包括有机孔、矿物基质孔(粒间孔和粒内孔)及微体化石孔隙。在新的页岩孔隙分类系统中，微体化石孔隙被单独列为一类。这种孔隙分类方案尤其适用于我国南方海相富微体化石页岩，特别是进一步完善了页岩孔隙分类方案，对于页岩内部孔隙网络的认识提供了新见解。

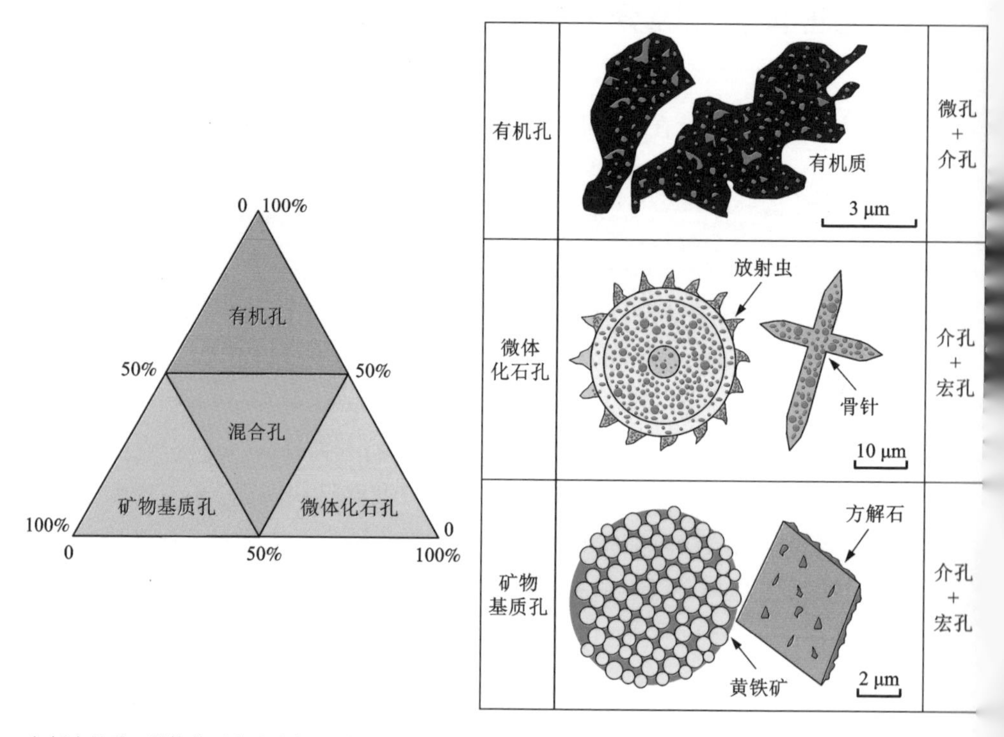

包括有机孔、微体化石孔及矿物基质孔，当某一种孔隙相对含量超过50%，则页岩中以发育该类孔隙为主。

图 3-6　页岩孔隙三端元分类图(修改自[42])

3.6　本章小结

以五峰组—龙马溪组页岩为研究对象，利用酸处理法、岩石光薄片镜下鉴定及聚焦离子束扫描电镜观察等手段，共识别出放射虫、海绵骨针、疑源类、牙形石、几丁石及虫颚等6类微体古生物化石。其中，疑源类和几丁石等微体化石生物壳壁的主要成分是有机质，是重要的生烃母质，为有机质的富集奠定了重要的基础。除了对生烃贡献外，微体化石孔隙也是页岩孔隙系统的重要组成部分。尽管页岩样品已经处于成熟—过成熟阶段，但多数微体化石中仍保留丰富的微/纳米级化石孔隙，孔隙多呈蜂窝状或不规则状，孔径大小为20～4000 nm，不同微体化石间孔径分布亦有差异。此外，广泛分布的硅质微体化石如放射虫、海绵骨针等可增强页岩脆性，进而促进成岩过程中天然裂缝网络的形成，有利于后期水力压裂作业。考虑到微体古生物及其化石孔隙的重要性，我们完善了页岩孔隙划分方案，主要包括有机孔、矿物基质孔及微体化石孔隙。这种孔隙分类方法强调了微体化石孔隙的重要性，尤其适用于我国南方海相富微体化石页岩。

第4章 富放射虫页岩储层物性特征

在定性描述各类微体古生物及其化石孔隙的基础上，本章以研究区内丰度最高、特征最典型的富放射虫页岩为研究对象，开展一系列实验如XRD测试、低压气体(CO_2/N_2)吸附测试、高压压汞分析等来定量表征富放射虫页岩的储层物性特征，并量化放射虫化石孔隙对页岩孔隙系统贡献。

4.1 岩石学特征

以龙参2井为例，页岩样品的TOC含量、全岩矿物及各类黏土矿物组成参见表4-1。样品TOC含量为0.45%~3.77%，平均为2.11%，显示了有机质分布具有强烈非均质性特征。大多数页岩中石英含量最高，平均为55.58%，特别是在富放射虫页岩层段尤为显著，石英含量均超过70%；其次为黏土矿物，其中伊利石和绿泥石是两类主要的黏土矿物，平均含量分别为13.36%和7.93%，此外，亦发现少量高岭石，平均含量为2.05%。方解石、长石及黄铁矿也是页岩的重要组分，其平均含量分别为6.35%、10.34%及2.56%。依据相关矿物含量，绘制出石英-碳酸盐矿物-黏土矿物三端元图解(图4-1)，研究表明龙参2井五峰组—龙马溪组页岩主要是硅质页岩和含黏土硅质页岩。需要说明的是龙参2井中共有5个深度段广泛发育放射虫化石，页岩中放射虫的相对比例见表4-1。

表 4-1　龙参 2 井五峰组—龙马溪组页岩 TOC 和矿物组分含量

深度/m	岩相	TOC 含量/%	石英含量/%	方解石含量/%	白云石含量/%	钠长石含量/%	钾长石含量/%	黄铁矿含量/%	伊利石含量/%	绿泥石含量/%	高岭石含量/%	放射虫占比/%
1921.00	硅质页岩	0.54	52.4	2.8	0.6	4.4	6.5	0.5	15.2	14.3	3.4	
1920.50	硅质页岩	2.17	47.5	2.8	0.6	3.9	7.2	1.5	15.6	17.6	3.3	
1919.53	硅质页岩	3.17	55.8	0.6	0.6	3.2	6.5	0.6	14.7	14.7	3.2	
1919.20	黏土质页岩	0.59	6.3	3.6	1.0	14.0	23.9	9.7	38.0	1.9	1.7	
1918.85	硅质页岩	2.03	62.5	0.7	0.4	3.8	6.3	0.5	12.5	10.4	2.8	
1918.10	硅质页岩	2.89	71.8	0.4	0.2	2.3	6.1	1.6	8.5	7.8	1.3	
1917.00	硅质页岩	2.05	52.4	0.3	5.8	1.9	5.8	2.0	16.1	13.2	2.6	
1917.80	硅质页岩	2.22	44.5	2.0	11.5	2.4	7.9	3.4	13.7	12.0	2.6	
1916.80	硅质页岩	3.14	56.3	0.4	0.6	3.5	5.9	1.2	13.1	14.2	4.8	
1916.40	混合质页岩	2.04	45.0	37.0	0.2	1.6	3.2	0.3	8.7	3.3	0.7	
1915.88	硅质页岩	2.75	70.8	0.4	0.5	3.5	5.2	2.3	11.1	4.6	1.6	17.74
1915.38	硅质页岩	3.54	58.9	0.2	0.3	3.0	6.6	2.4	17.0	9.5	2.0	
1915.90	钙质页岩	0.45	0.2	98.5	0	0.1	0.2	0.1	0.3	0.3	0.2	
1914.68	硅质页岩	3.63	77.6	2.5	0.7	1.2	5.5	3.6	2.9	1.4	1.0	32.90
1914.28	硅质页岩	2.42	81.8	1.6	1.3	1.3	5.5	1.3	5.1	1.8	0.2	
1914.90	硅质页岩	2.62	83.9	1.1	1.5	1.0	5.7	1.1	3.5	1.4	0.8	13.19
1913.97	硅质页岩	2.69	76.7	1.3	0.7	2.5	4.9	2.6	7.3	3.2	0.8	
1913.87	硅质页岩	1.44	75.2	10.8	0.8	1.2	7.3	0.7	2.4	1.3	0.5	17.10

续表 4-1

深度/m	岩相	TOC含量/%	石英含量/%	方解石含量/%	白云石含量/%	钠长石含量/%	钾长石含量/%	黄铁矿含量/%	伊利石含量/%	绿泥石含量/%	高岭石含量/%	放射虫占比/%
1913.67	硅质页岩	2.98	78.0	2.8	1.4	2.3	4.5	2.1	5.9	2.3	0.7	
1913.47	硅质页岩	2.94	72.7	4.6	1.1	1.7	4.7	2.9	9.5	2.4	0.5	23.05
1913.07	硅质页岩	3.72	60.2	2.7	1.2	3.8	7.0	5.2	13.0	5.4	1.4	
1912.57	硅质页岩	2.91	58.9	2.5	0.9	2.9	6.2	4.9	15.7	6.5	1.5	
1912.37	硅质页岩	3.77	63.3	1.7	0.7	4.1	6.0	5.7	11.0	5.3	1.2	
1912.07	黏土质页岩	3.13	37.7	1.6	0.6	3.9	7.8	7.2	26.3	12.1	2.9	
1911.57	硅质页岩	3.13	43.1	2.2	1.1	4.8	8.5	8.5	21.2	8.3	2.3	
1911.07	硅质页岩	3.13	49.7	4.7	1.2	5.5	7.6	3.5	15.4	9.3	3.1	
1910.00	硅质页岩	0.98	52.4	3.2	1.2	5.3	6.1	2.0	16.1	11.1	2.7	
1908.00	硅质页岩	2.07	56.4	2.4	1.6	4.9	6.1	2.7	15.2	8.2	2.5	
1906.00	黏土质粉砂岩	0.91	51.8	2.3	1.8	5.7	6.0	2.0	15.5	12.0	2.9	
1904.00	硅质页岩	1.07	50.9	5.6	1.0	4.9	5.4	2.0	15.5	10.9	3.8	
1902.00	硅质页岩	1.02	50.5	3.6	2.1	3.9	5.3	1.6	17.2	11.8	3.9	
1900.00	硅质页岩	1.11	46.4	3.9	0.9	4.6	8.1	2.0	18.0	13.4	2.7	
1896.00	黏土质粉砂岩	0.76	57.3	4.2	2.7	7.5	6.4	1.5	7.9	7.5	2.0	
1893.00	硅质页岩	0.62	51.7	4.0	4.4	6.5	6.0	1.1	16.6	7.9	1.9	
1890.00	黏土质粉砂岩	0.59	49.9	4.9	3.1	5.9	4.6	0.9	18.5	9.8	2.2	
1889.00	黏土质粉砂岩	0.56	50.4	4.6	4.4	6.6	6.0	1.0	16.6	8.3	2.1	

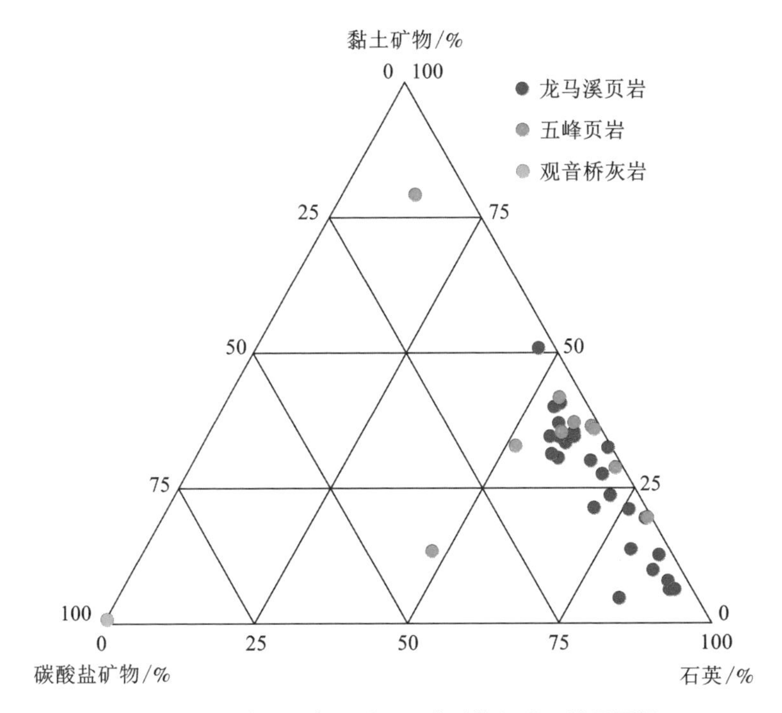

图 4-1　五峰组—龙马溪组页岩矿物组成三端元图解

4.2　孔隙类型及形态特征

页岩储层中常可见有机孔、矿物粒内孔、矿物粒间孔及微裂缝等孔缝类型，而富放射虫页岩中除上述常见类型外，亦广泛发育放射虫化石孔，关于放射虫孔隙的描述已在 3.1.1 节中详细阐述，这里不再赘述。以下将对页岩中常见的孔隙类型及其微观特征进行一一描述。

有机孔是富有机质页岩中最常见的孔隙类型，同时也是最受关注的孔隙，被认为是页岩气，特别是吸附气的重要储集空间。有机孔在横截面上一般呈圆形或椭圆形，有机孔孔径大小差异较大，充分显示了有机孔发育的非均质性。从形态上可将有机孔分为两种类型：一种是气泡状有机孔[图 4-2(a)~(c)]，另一种是海绵状有机孔[图 4-2(d)]。气泡状有机孔孔径较大，孔径大小从数百纳米到数微米不等；海绵状有机孔孔径较小，孔径大小在数纳米到数十纳米之间。有研究指出这两种有机孔形态上的差异归因于不同的成岩成烃过程[42, 164]，气泡状有机孔是沥青质在裂解为液态烃或天然气的过程中形成，而海绵状有机孔则可能是在成岩作用晚期有机质生气过程中形成。此外，我们还观察到少量分散在矿物基质中的有机质内部很少或没有发育有机孔现象[图 4-2(e)]。

矿物粒内孔包含矿物晶间孔和矿物溶蚀孔两种类型，二者区别在于矿物晶间孔是一种原生孔隙，而矿物溶蚀孔是一种次生孔隙，形成机理存在差异。草莓状黄铁矿的晶间孔[图 4-2(f)(g)]和自生绿泥石的晶间孔[图 4-2(h)]是常见的矿物晶间孔隙，场发射扫描电镜下观察到黄铁矿晶间孔中充填有机质。此外，在后期成岩作用过程中，酸性流体往往会溶蚀碳酸盐矿物，进而形成方解石/白云石粒内溶孔[图 4-2(i)(j)]，溶蚀孔隙具有不规则的形状或明显的溶蚀边缘等特征。

矿物粒间孔是指矿物颗粒间形成的孔隙，由于在成岩作用过程中页岩受到了强烈的机械压实和胶结作用，保留下来的粒间孔通常分布在刚性颗粒周围[图 4-2(k)]。粒间孔孔径较粒内孔大，是微米级孔隙，属于较大的宏孔。

微裂缝既是页岩气的关键渗流通道，又是页岩气(特别是游离气)的有效储集空间，它们常常出现在有机质与刚性矿物接触处[图 4-2(l)]，扫描电镜观察到的微裂缝长度为数微米。

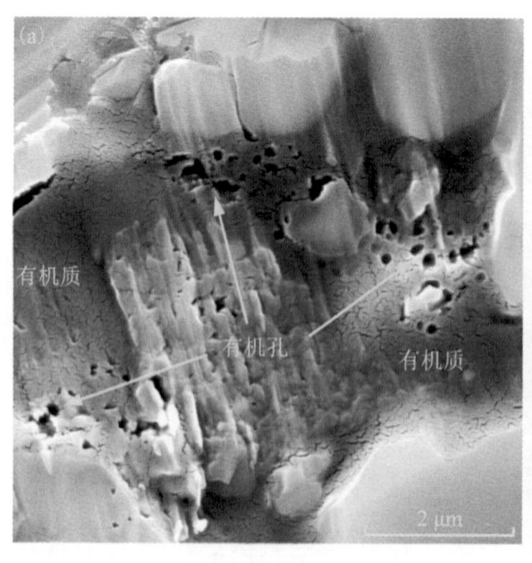

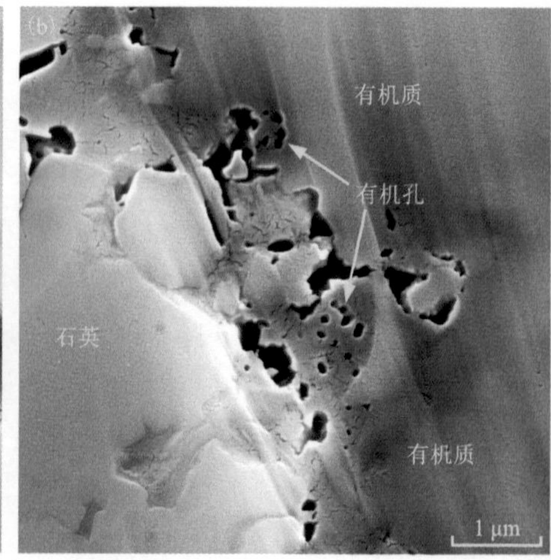

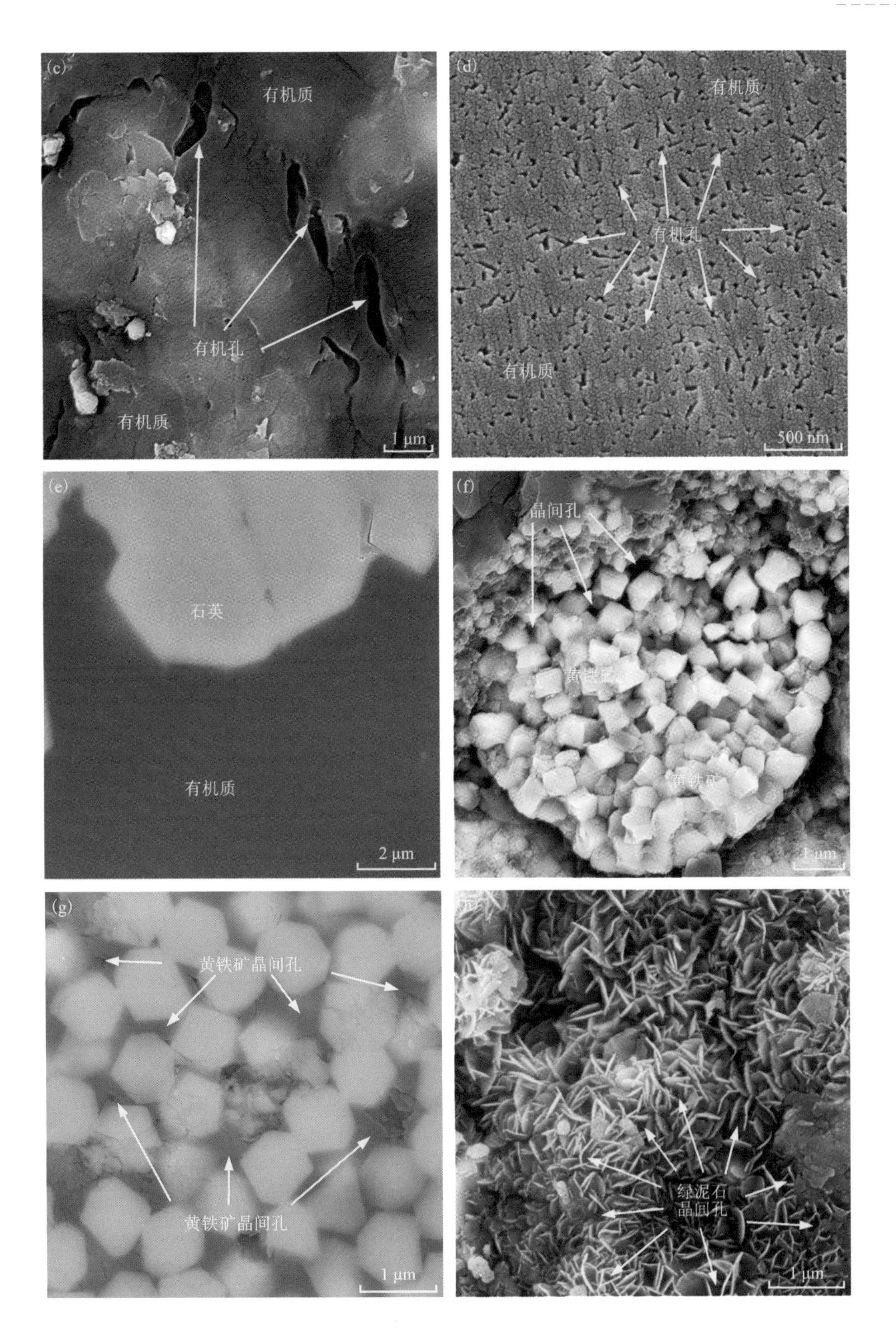
(c)
有机质
有机孔
有机质
1 μm
(d)
有机质
有机孔
有机质
500 nm
(e)
石英
有机质
2 μm
(f)
晶间孔
黄铁矿
黄铁矿
1 μm
(g)
黄铁矿晶间孔
黄铁矿晶间孔
1 μm
绿泥石
晶间孔
1 μm

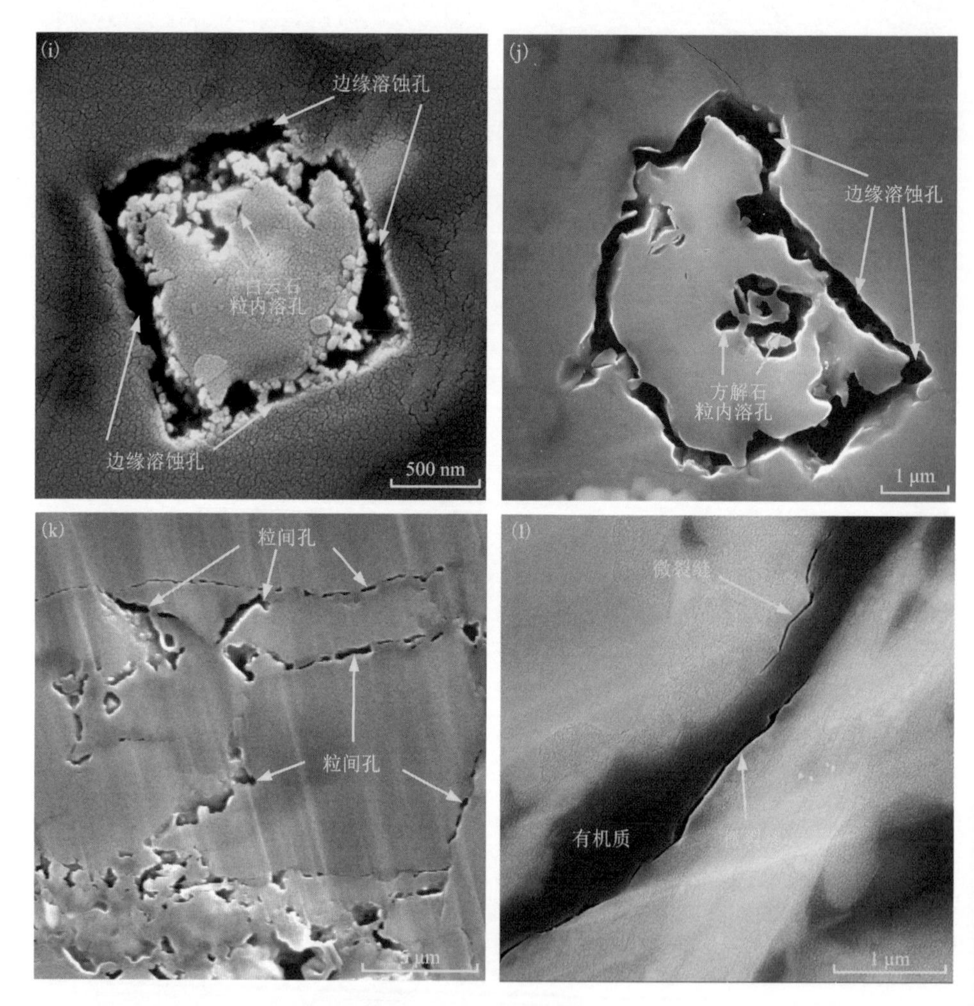

(a)~(c)气泡状有机孔；(d)海绵状有机孔；(e)有机孔不发育；
(f)(g)草莓状黄铁矿晶间孔，晶间孔中充填有机质；(h)自生绿泥石晶间孔；
(i)白云石粒内溶孔和边缘溶蚀孔；(j)方解石粒内溶孔和边缘溶蚀孔；
(k)矿物粒间孔；(l)微裂缝。

图 4-2　有机孔、粒内孔、粒间孔及微裂缝的微观特征(均为扫描电镜下拍摄)

4.3 孔隙结构参数

常见的页岩孔隙结构参数包括比表面积、孔体积及孔径分布等，其中比表面积主要是由微孔及较小的介孔贡献，比表面积越大反映页岩的吸附能力越强，越有利于吸附气的赋存；孔体积主要是由介孔和宏孔贡献，孔体积越大表示页岩储集空间越多，越有利于游离气的富集。为了能够全方位、全尺度地刻画页岩中微孔、介孔及宏孔的孔隙结构参数，本次研究开展了一系列定量表征实验如低压气体(CO_2/N_2)吸附和高压压汞测试，下面将介绍每一种测试方法表征的孔隙结构参数特征。

(1)低压 CO_2 吸附测试常用于表征微孔的结构特征，因为 CO_2 气体分子具有较小的半径，可以进入直径为 0.35 nm 的孔隙中[45]。从 CO_2 等温吸附曲线中可以看出(图 4-3)，所有样品的 CO_2 等温吸附曲线均属于 I 型物理等温吸附曲线范畴[165]，表示页岩样品中发育了大量微孔。随着 TOC 含量的增加，CO_2 吸附量亦呈增加趋势，说明 TOC 含量越高对应有机质微孔数量越多，相应的页岩比表面积越大，CO_2 吸附量自然增加。此外，随着相对压力的升高，CO_2 吸附量亦会增加，所有样品的等温吸附曲线均显示相似的变化趋势，特别是在相对压力(p/p_0)约为 0.018 时，CO_2 吸附量达到最大值，最大吸附量为 0.022~0.068 mmol/g。同时发现在 TOC 含量相似的情况下，富放射虫页岩层(1913.47 m)的 CO_2 吸附量略高于无放射虫页岩层(1918.10 m)。最后，结合 DFT 和 NLDFT 模型方法对吸附数据进行整理分析，结果表明(表 4-2)：页岩样品中微孔的比表面积为 4.271~13.369 m^2/g，平均为 9.358 m^2/g；微孔孔体积为 0.00138~0.00492 cm^3/g，平均为 0.00312 cm^3/g。

(2)低温 N_2 吸附测试用来表征介孔的结构特征，不同相对压力下的 N_2 吸附量反映了不同孔径的相对占比[166]。在相对压力较低的阶段，N_2 分子在页岩孔隙中以单分子层吸附为主，符合 Langmiur 等温吸附模型，特别是在相对压力接近 0.01 时的吸附量表明存在较小孔隙；随着相对压力逐渐增加，N_2 分子由单分子层吸附向多分子层吸附转变，此时的吸附量反映大量介孔的存在；当相对压力进一步增加时，N_2 分子在页岩孔隙中开始发生毛细凝聚作用，特别是在

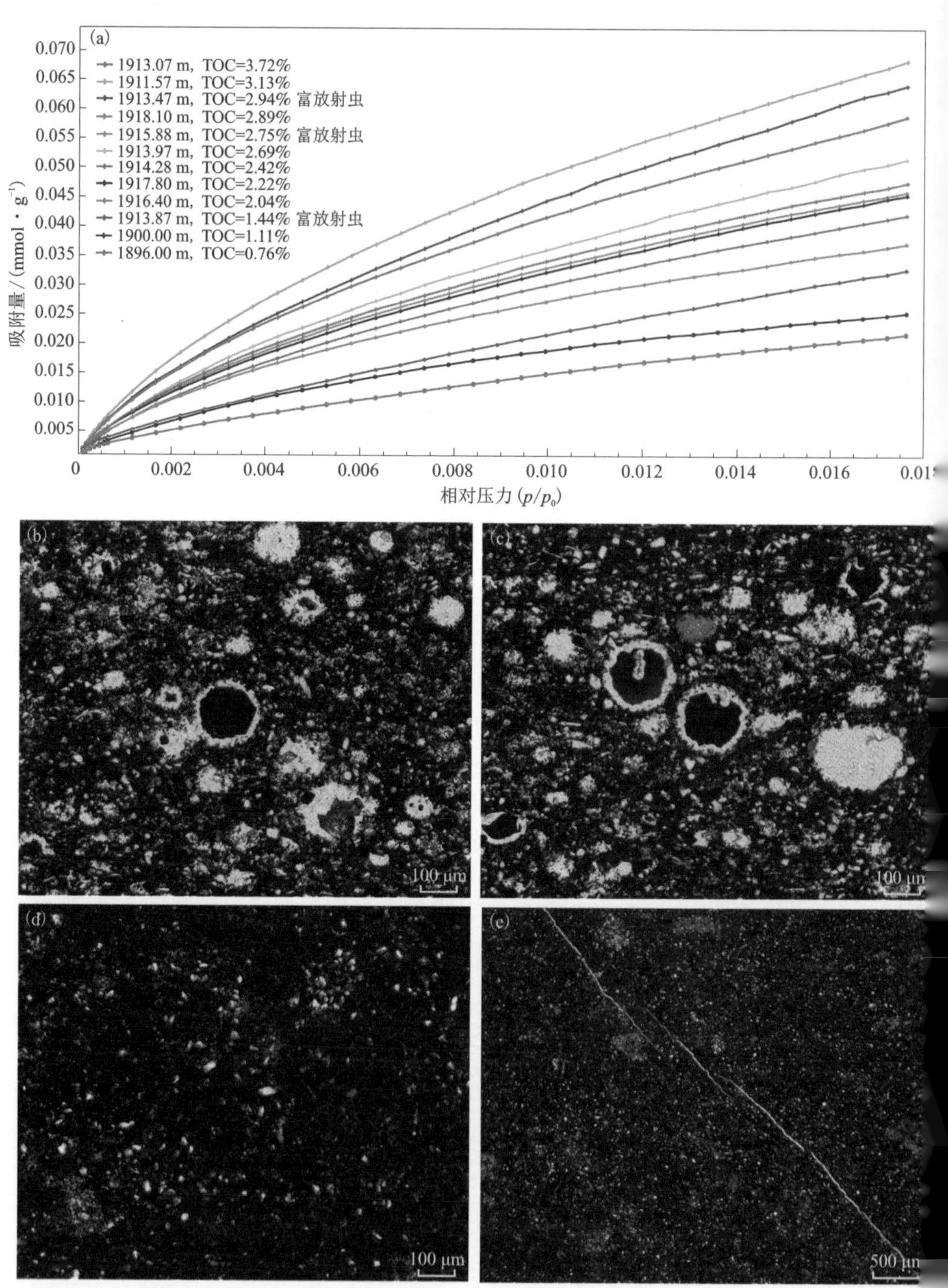

(a) CO_2 等温吸附曲线；(b)(c)富放射虫页岩(1913.47 m)；(d)(e)无放射虫页岩(1918.10 m)。

图 4-3　不同 TOC 下 CO_2 等温吸附曲线

相对压力接近 1.0 时的吸附量表明存在较大的孔隙。利用 NLDFT 模型对吸附数据进行整理分析，结果表明(表 4-2)：页岩样品中介孔的比表面积为 1.335~6.021 m^2/g，平均为 2.834 m^2/g；介孔孔体积为 0.00764~0.03653 cm^3/g，平均为 0.0162 cm^3/g。此外，我们观察到一个有趣的现象，富放射虫页岩与无放射虫页岩的 N_2 吸附曲线类型存在差异(图 4-4)。

具体表现在二者的吸附-脱附曲线回滞环类型不同，根据国际理论与应用化学联合会(IUPAC)分类方法[167]，无放射虫页岩 N_2 吸附-脱附曲线多属于 H3 型回滞曲线[图 4-4(a)~(d)]，这类回滞曲线的回滞环较窄，并且等温吸附曲线与等温脱附曲线近似平行，反映此类页岩中多以狭缝型板状孔隙为主；而富放射虫页岩 N_2 吸附-脱附曲线属于 H2 型回滞曲线[图 4-4(e)~(h)]，回滞环明显，表明此类页岩中多以细颈-墨水瓶状孔隙为主。

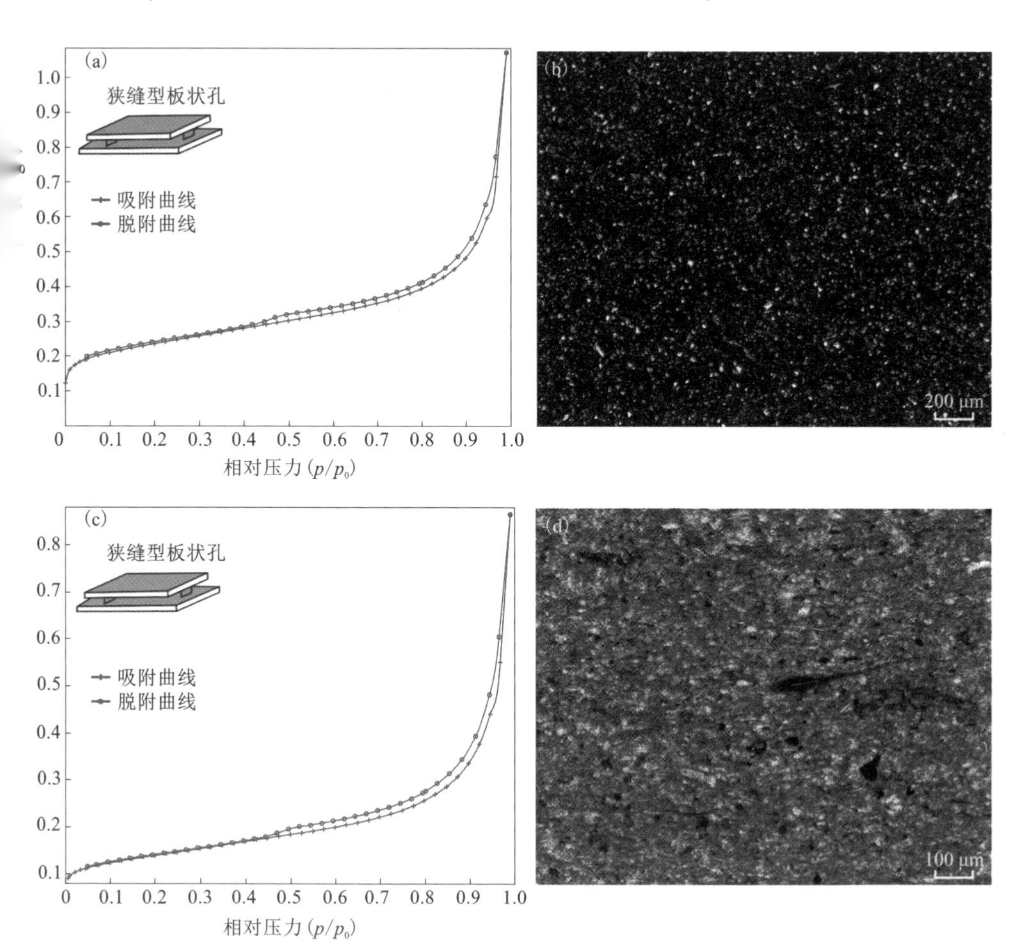

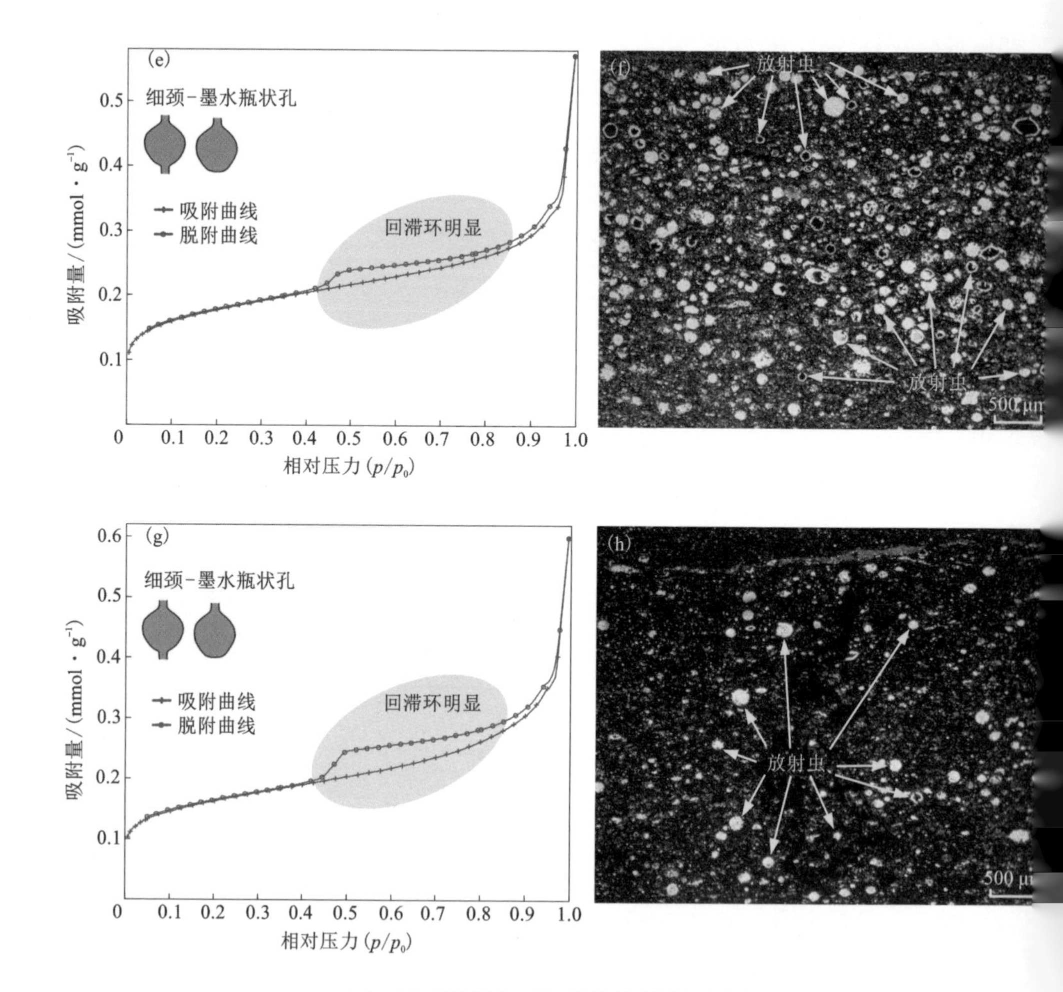

(a)~(d)无放射虫页岩，以狭缝型板状孔为主；

(e)~(h)富放射虫页岩，以细颈-墨水瓶状孔为主。

图 4-4　富放射虫页岩与无放射虫页岩 N_2 吸附-脱附曲线

(3)高压压汞测试可用来描述宏孔的结构特征，通过分析汞注入量来获得相应孔隙结构参数。页岩样品的累积压汞曲线如图 4-5 所示，实验表明在压力为 0.00373 ~ 0.0137 MPa 时，累积进汞量快速增加；在压力为 0.0138 ~ 0.104 MPa 时，累积进汞量缓慢增加；在压力为 0.110~0.173 MPa 时，累积进汞量再一次快速增加；最后累积进汞量在高压范围内保持相对稳定。简言之，

低压段累积进汞量大于高压段进汞量，这说明页岩样品中存在一定量孔径较大的孔隙，且孔隙间连通性相对较高。实验数据表明(表 4-2)：宏孔的比表面积为 0.044 ~ 0.158 m^2/g，平均为 0.108 m^2/g；宏孔孔体积为 0.00289 ~ 0.00777 cm^3/g，平均为 0.00568 cm^3/g。

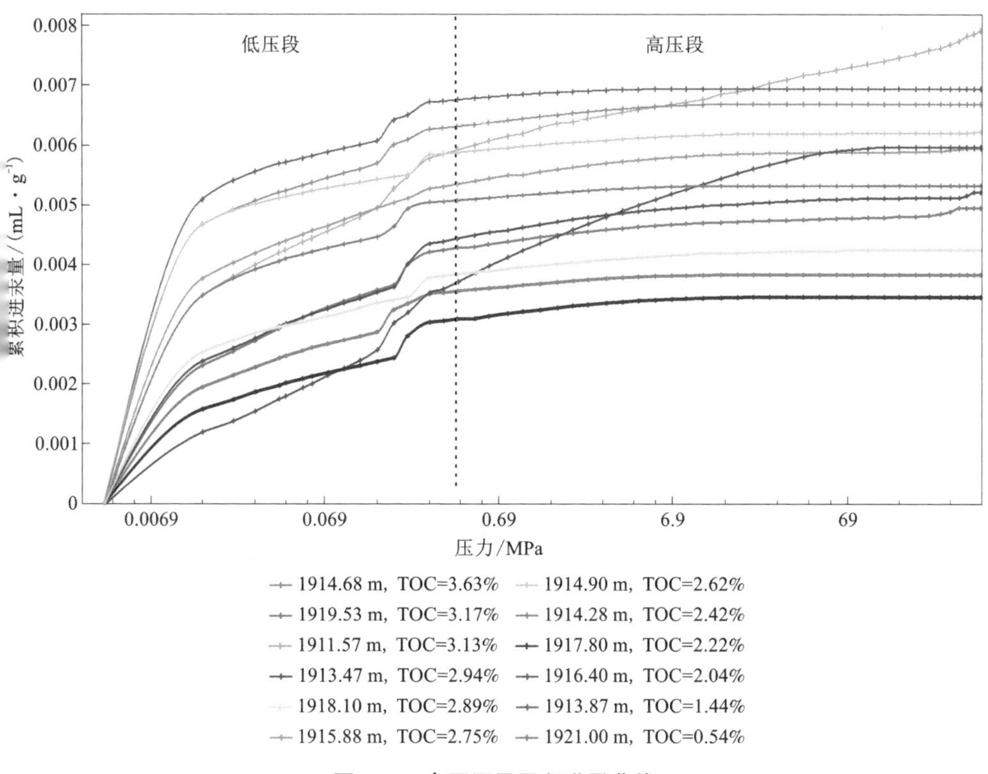

图 4-5　高压压汞累积进汞曲线

通过整合低压 CO_2 吸附、低温 N_2 吸附及高压压汞测试的各类孔隙结构参数(表 4-2)，结果表明页岩样品的总比表面积和总孔体积分别为 5.650 ~ 17.436 m^2/g 和 0.01207 ~ 0.04677 cm^3/g。其中，总比表面积主要是由微孔贡献，贡献约 75.81%，其次是介孔，贡献约 23.29%；总孔体积主要是由介孔贡献，贡献约 63.56%，其次是宏孔，贡献约 23.35%。

表 4-2 微孔、介孔及宏孔的比表面积和孔体积及其相对贡献

深度/m	CO_2吸附		N_2吸附		高压压汞		总比表面积/($m^2\cdot g^{-1}$)	总孔体积/($cm^3\cdot g^{-1}$)	对比表面积贡献/%			对孔体积贡献/%		
	微孔(0.32~2 nm)比表面积/($m^2\cdot g^{-1}$)	微孔(0.32~2 nm)孔体积/($cm^3\cdot g^{-1}$)	介孔(2~50 nm)比表面积/($m^2\cdot g^{-1}$)	介孔(2~50 nm)孔体积/($cm^3\cdot g^{-1}$)	宏孔($50\sim10^5$ nm)比表面积/($m^2\cdot g^{-1}$)	宏孔($50\sim10^5$ nm)孔体积/($cm^3\cdot g^{-1}$)			微孔	介孔	宏孔	微孔	介孔	宏孔
1911.07	10.928	0.00379	2.211	0.01323	0.108	0.00575	13.247	0.02277	82.49	16.69	0.82	16.64	58.10	25.25
1911.57	11.588	0.00368	4.588	0.02275	0.138	0.00723	16.314	0.03366	71.03	28.12	0.85	10.93	67.59	21.48
1912.07	10.935	0.00382	2.298	0.01302	0.064	0.00482	13.297	0.02166	82.24	17.28	0.48	17.64	60.11	22.25
1912.37	12.978	0.00492	2.284	0.01451	0.128	0.00777	15.390	0.02720	84.33	14.84	0.83	18.09	53.35	28.57
1912.57	10.340	0.00284	2.710	0.01646	0.130	0.00745	13.180	0.02675	78.45	20.56	0.99	10.62	61.53	27.85
1913.07	10.741	0.00365	1.588	0.00794	0.053	0.00638	12.380	0.01797	86.76	12.83	0.43	20.31	44.18	35.50
1913.47	11.769	0.00403	3.112	0.01820	0.126	0.00620	15.007	0.02843	78.42	20.74	0.84	14.18	64.02	21.81
1913.67	10.669	0.00384	2.425	0.01147	0.091	0.00451	13.185	0.01982	80.92	18.39	0.69	19.37	57.87	22.75
1913.87	4.271	0.00138	1.335	0.00764	0.044	0.00305	5.650	0.01207	75.59	23.63	0.78	11.43	63.30	25.27
1913.97	10.020	0.00352	2.608	0.01228	0.098	0.00467	12.726	0.02047	78.74	20.49	0.77	17.20	59.99	22.81
1914.28	7.789	0.00252	2.479	0.01374	0.102	0.00482	10.370	0.02108	75.11	23.91	0.98	11.95	65.18	22.87
1914.68	8.086	0.00255	2.221	0.01076	0.088	0.00456	10.395	0.01787	77.79	21.37	0.85	14.27	60.21	25.52
1914.90	6.296	0.00193	2.456	0.01210	0.091	0.00416	8.843	0.01819	71.20	27.77	1.03	10.61	66.52	22.87

续表 4-2

深度/m	CO_2吸附		N_2吸附		高压压汞		总比表面积/($m^2 \cdot g^{-1}$)	总孔体积/($cm^3 \cdot g^{-1}$)	对比表面积贡献/%			对孔体积贡献/%		
	微孔(0.32~2 nm)比表面积/($m^2 \cdot g^{-1}$)	微孔(0.32~2 nm)孔体积/($cm^3 \cdot g^{-1}$)	介孔(2~50 nm)比表面积/($m^2 \cdot g^{-1}$)	介孔(2~50 nm)孔体积/($cm^3 \cdot g^{-1}$)	宏孔($50 \sim 10^5$ nm)比表面积/($m^2 \cdot g^{-1}$)	宏孔($50 \sim 10^5$ nm)孔体积/($cm^3 \cdot g^{-1}$)			微孔	介孔	宏孔	微孔	介孔	宏孔
1915. 38	11. 700	0. 00425	2. 139	0. 01327	0. 115	0. 00579	13. 954	0. 02331	83. 85	15. 33	0. 82	18. 23	56. 93	24. 84
1915. 88	9. 790	0. 00356	2. 822	0. 01676	0. 124	0. 00570	12. 736	0. 02602	76. 87	22. 16	0. 97	13. 68	64. 41	21. 91
1916. 40	6. 207	0. 00162	1. 913	0. 01247	0. 119	0. 00733	8. 239	0. 02142	75. 34	23. 22	1. 44	7. 56	58. 22	34. 22
1916. 80	11. 203	0. 00398	4. 197	0. 02492	0. 152	0. 00673	15. 552	0. 03563	72. 04	26. 99	0. 98	11. 17	69. 94	18. 89
1917. 00	7. 455	0. 00254	2. 632	0. 01492	0. 111	0. 00537	10. 198	0. 02283	73. 10	25. 81	1. 09	11. 13	65. 35	23. 52
1917. 80	7. 637	0. 00242	2. 956	0. 01828	0. 122	0. 00538	10. 712	0. 02608	71. 29	27. 60	1. 14	9. 28	70. 09	20. 63
1918. 10	8. 721	0. 00279	2. 295	0. 01053	0. 047	0. 00289	11. 063	0. 01621	78. 83	20. 74	0. 42	17. 21	64. 96	17. 83
1918. 85	8. 670	0. 00313	3. 485	0. 02189	0. 134	0. 00617	12. 289	0. 03119	70. 55	28. 36	1. 09	10. 04	70. 18	19. 78
1919. 20	8. 902	0. 00248	6. 021	0. 03653	0. 158	0. 00776	15. 081	0. 04677	59. 03	39. 92	1. 05	5. 30	78. 11	16. 59
1919. 53	13. 369	0. 00418	3. 950	0. 02185	0. 117	0. 00590	17. 436	0. 03193	76. 67	22. 65	0. 67	13. 09	68. 43	18. 48
1920. 50	8. 830	0. 00315	2. 974	0. 01713	0. 120	0. 00581	11. 924	0. 02609	74. 05	24. 94	1. 00	12. 07	65. 66	22. 27
1921. 00	5. 052	0. 00146	3. 161	0. 02145	0. 130	0. 00576	8. 343	0. 02867	60. 55	37. 89	1. 56	5. 09	74. 82	20. 09

4.4 孔隙结构发育的控制因素

页岩孔隙系统复杂多样，具有强非均质性特征。孔隙结构的发育常常受到构造、沉积及岩石组分等因素影响。关于孔隙结构测试的相关样品均来自龙参2井，研究区五峰组—龙马溪组页岩以浅海陆棚沉积为主，同时手标本和光薄片中均未发现构造破碎带和糜棱岩等构造作用产物。因此，构造和沉积作用对孔隙系统的影响不做过多讨论，本研究中主要探讨页岩不同组分对孔隙结构发育的影响。

岩石组分(有机质、黏土矿物、脆性矿物)与比表面积及孔体积的相关性如图4-6所示。总比表面积与TOC含量间整体呈正相关性[图4-6(a)，R^2=0.59]，其中微孔的比表面积与TOC含量间存在显著的正相关性[图4-6(b)，R^2=0.77]，相比之下，介孔的比表面积与TOC含量间呈弱负相关性，而宏孔对比表面积的贡献微乎其微[图4-6(b)]。总孔体积与TOC含量间整体呈负相关性[图4-6(c)]，特别是介孔，负相关性相对显著[图4-6(d)，R^2=0.22]，宏孔孔体积随TOC含量增加而保持稳定[图4-6(d)]。据以上相关性分析可知，有机质对页岩比表面积有显著影响，尤其是有机质中的微孔对比表面积有重要贡献，这是因为有机质中发育了大量纳米级孔隙，越小的有机孔拥有越大的比表面积，可为页岩中吸附气提供更多的吸附点位，同时富放射虫页岩层位的硅质含量高，在后期成岩作用过程中具有相对较强的抗压实能力，有利于有机孔隙的保存[图4-2(d)]。与比表面积相比，有机孔并非是页岩孔体积的主要贡献者。

总比表面积随黏土矿物含量的增加未发生明显变化[图4-6(e)]，只是介孔的比表面积与黏土矿物含量间呈一定正相关性[图4-6(f)，R^2=0.28]，而微孔和宏孔的比表面积与黏土矿物含量无显著相关性。与之相反，总孔体积与黏土矿物含量存在明显正相关关系[图4-6(g)，R^2=0.45]，特别是介孔，正相关性相对显著[图4-6(h)，R^2=0.40]。以上分析结果表明，黏土矿物晶间孔对页岩孔体积有显著影响，尤其是黏土矿物中的介孔对孔体积有重要贡献。此外，黏土矿物中的介孔一定程度上亦会增加页岩比表面积。

脆性矿物含量与比表面积和孔体积间均呈负相关性[图4-6(i)(j)]，脆性

矿物包括石英、长石及方解石。这说明脆性矿物发育的溶蚀孔隙有限，既不能有效增加页岩孔体积，又不会增加页岩比表面积，它们是页岩基质骨架的重要组成，并非页岩比表面积和孔体积的重要贡献者。

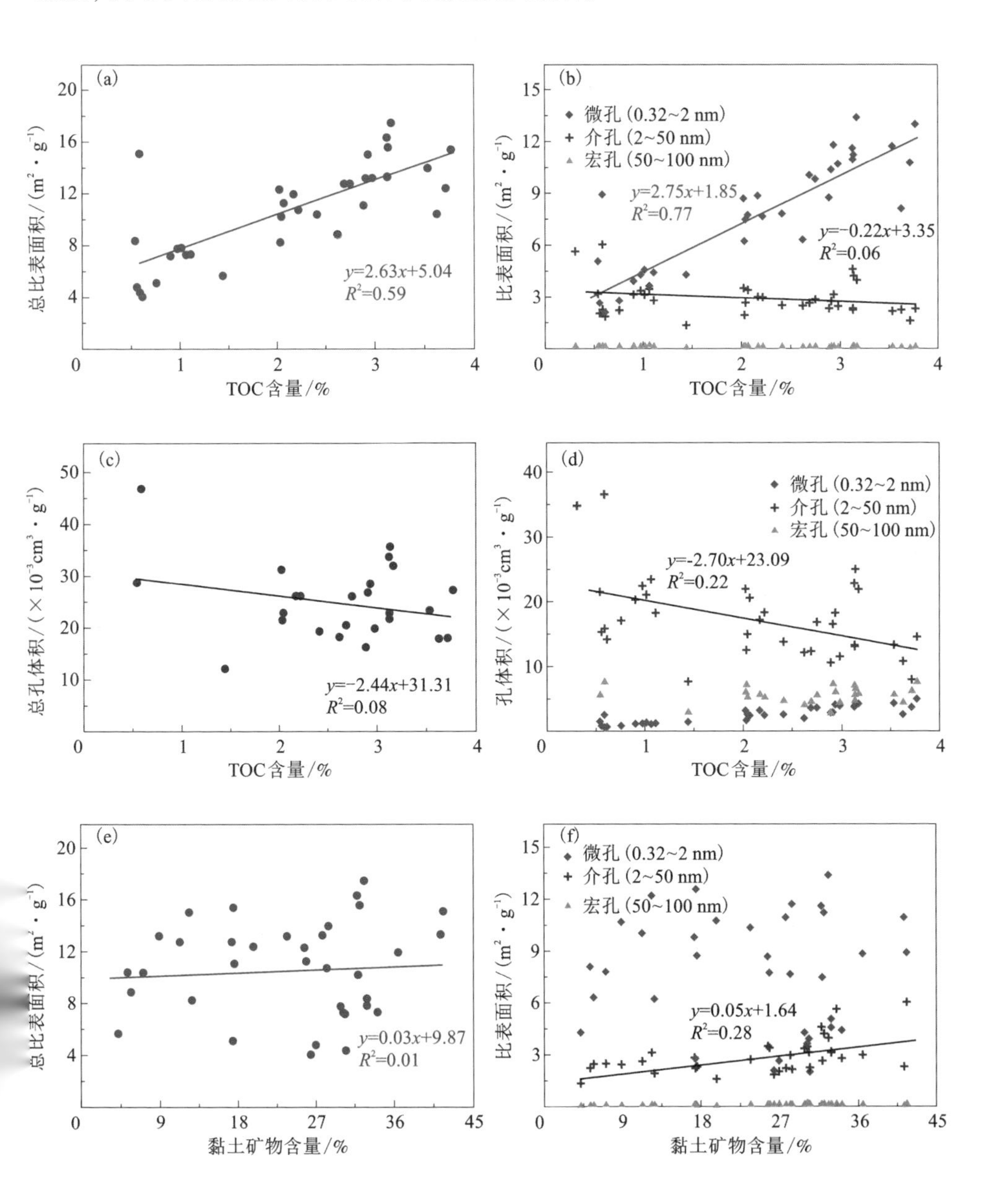

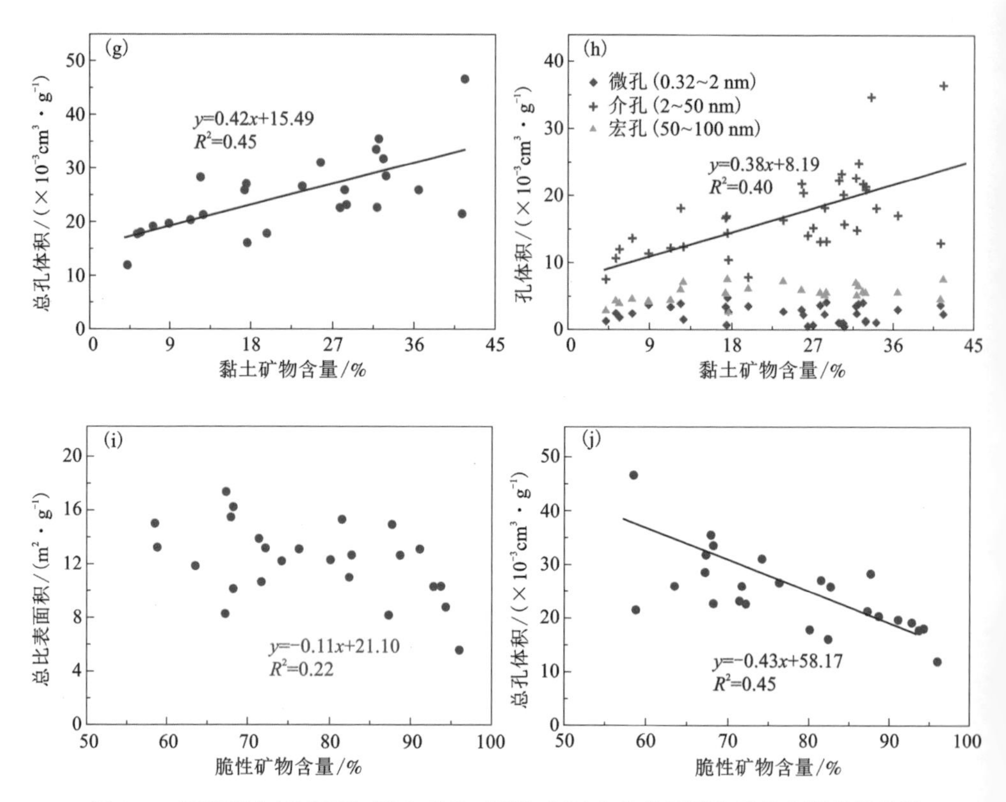

图 4-6　页岩组分(有机质、黏土矿物、脆性矿物)与比表面积和孔体积间的相关性

4.5　富放射虫页岩与无放射虫页岩间孔隙结构差异

上一节的研究明确了页岩组分如有机质和黏土矿物会影响页岩孔隙结构参数，这里要讨论放射虫化石对页岩孔隙结构的影响，就要做到控制变量，即保证 TOC、黏土矿物及脆性矿物等含量近似相当情况下，来比较富放射虫页岩与无放射虫页岩的孔隙结构参数间差异，这样确保了放射虫含量差异是研究中的显著变量。遵循以上原则，挑选了两组富放射虫页岩与无放射虫页岩，归纳整理其孔隙结构参数，并比较二者间差异(图 4-7)，结果表明：富放射虫页岩的比表面积略高于无放射虫页岩[图 4-7(b)(e)]；相比之下，富放射虫页岩的孔体积要明显高于无放射虫页岩，特别是介孔和宏孔孔体积尤为显著[图 4-7(c)(f)]，富放射虫页岩的介孔和宏孔孔体积分别为 18.20×10^{-3} cm^3/g 和

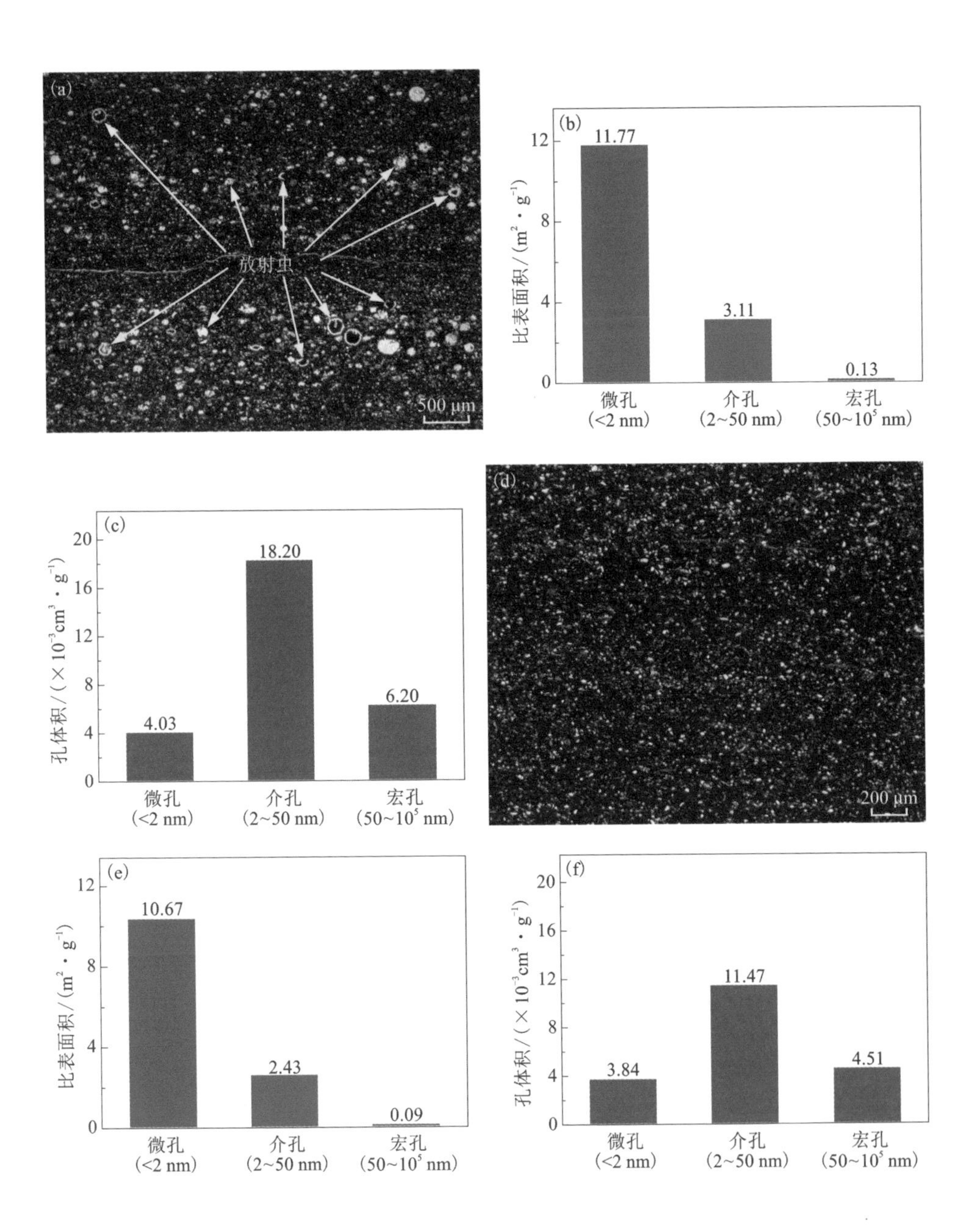
(a)
放射虫
500 μm
(b)
比表面积 / (m²·g⁻¹)
11.77
3.11
0.13
微孔 (<2 nm)
介孔 (2~50 nm)
宏孔 (50~10⁵ nm)
(c)
孔体积 / (×10⁻³cm³·g⁻¹)
4.03
18.20
6.20
微孔 (<2 nm)
介孔 (2~50 nm)
宏孔 (50~10⁵ nm)
(d)
200 μm
(e)
比表面积 / (m²·g⁻¹)
10.67
2.43
0.09
微孔 (<2 nm)
介孔 (2~50 nm)
宏孔 (50~10⁵ nm)
(f)
孔体积 / (×10⁻³cm³·g⁻¹)
3.84
11.47
4.51
微孔 (<2 nm)
介孔 (2~50 nm)
宏孔 (50~10⁵ nm)

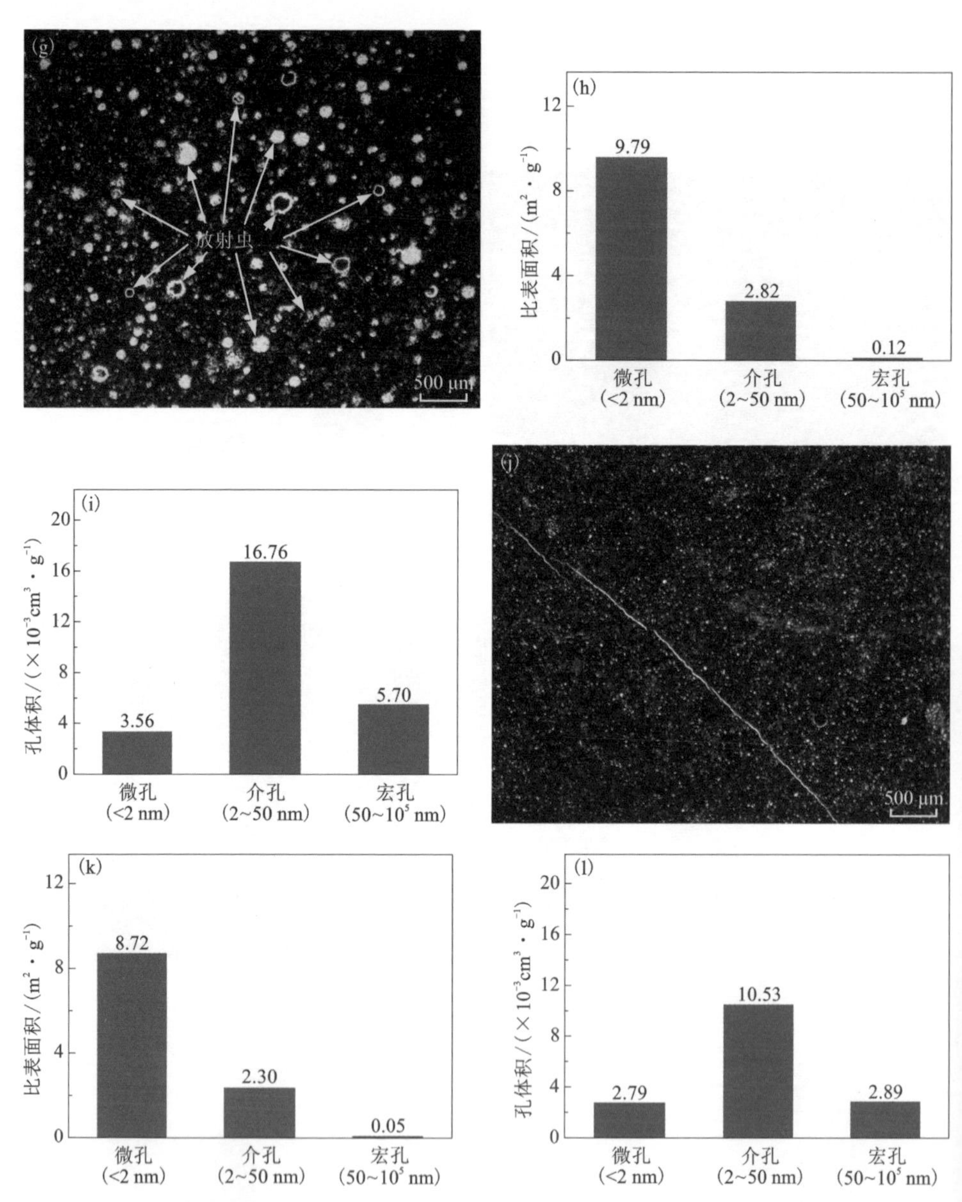

(a)~(c)：富放射虫页岩，1913.47 m，TOC 含量为 2.94%，石英含量为 72.7%，黏土矿物含量为 12.4%；
(d)~(f)：无放射虫页岩，1913.67 m，TOC 含量为 2.98%，石英含量为 78.0%，黏土矿物含量为 8.9%；
(g)~(i)：富放射虫页岩，1915.88 m，TOC 含量为 2.75%，石英含量为 70.8%，黏土矿物含量为 17.3%；
(j)~(l)：无放射虫页岩，1918.10 m，TOC 含量为 2.89%，石英含量为 71.8%，黏土矿物含量为 17.6%。

图 4-7　富放射虫页岩与无放射虫页岩间孔隙结构参数差异

6.20×10^{-3} cm^3/g，而无放射虫页岩的介孔和宏孔孔体积分别为 11.47×10^{-3} cm^3/g 和 4.51×10^{-3} cm^3/g。这说明放射虫含量的差异很可能是导致二者孔体积差异的重要因素。为了避免实验误差，另外一组富放射虫页岩与无放射虫页岩间孔隙结构参数差异同样做了对比研究，观察到相似的结果[图 4-7(g)～(l)]。以上研究表明，大量分布的放射虫化石可增加页岩孔隙体积，尤其改善了页岩介孔和宏孔孔体积，这与观察到的放射虫化石中仍保留丰富的介孔-宏孔型化石孔隙现象一致。增加的页岩孔体积可为游离气提供更多的储集空间，即放射虫的化石孔隙同样有利于游离气的富集。此前研究中对微体化石孔隙的忽略很可能低估了它们自生的储集能力。

基于以上放射虫化石孔隙的定性表征和富放射虫页岩孔隙结构的定量研究，我们建立了放射虫与有机质共生的微观孔隙结构模式图(图 4-8)。放射虫化石壳体和空腔中均保存着丰富的不规则状化石孔，同时，有机质中亦发育大量的气泡孔和海绵孔，鉴于 N_2 吸附-脱附等温曲线显示富放射虫页岩中常存在明显的回滞环，暗示着细颈-墨水瓶状孔隙的发育。基于以上认识，我们推断若放射虫化石孔隙与包裹在放射虫壳体上的有机质或充填在放射虫空腔内的有机质中大量有机孔相互连接，则很可能形成一种新的有机-无机复合孔隙系统，形态上类似于细颈-墨水瓶状孔隙。“细颈”指的是有机孔，常为微孔或较小的

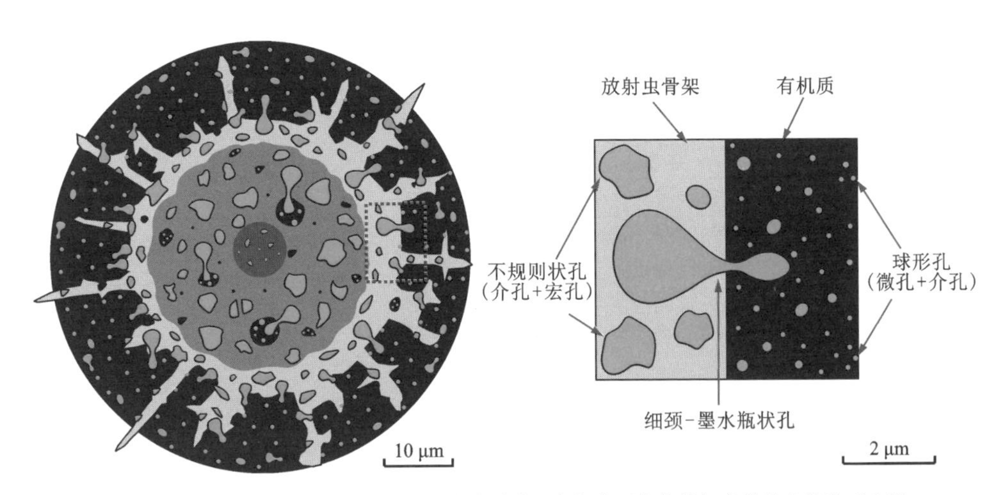

放射虫化石孔隙多呈不规则状或蜂窝状密集分布，当与化石壳体外包裹着的有机孔或空腔内有机孔相连时，易形成细颈(有机质孔缝)-墨水瓶状(放射虫化石孔)复合孔隙。

图 4-8　放射虫微观孔隙结构示意图

介孔；“墨水瓶状孔”指的是放射虫化石孔，属于介孔和宏孔，放射虫化石孔显然大于有机孔。这种相互连通的复合孔隙系统不仅增强了页岩孔隙网络的非均质性，还有利于页岩气的聚集与储存。一方面，页岩气可以以游离气的形式在放射虫化石孔隙中富集，以吸附气的形式吸附在有机孔表面，丰富了页岩气赋存方式的多样性，更重要的是与放射虫化石孔相连的有机孔大大增强了页岩气的吸附能力(第5章具体阐述)；另一方面，有机孔与放射虫化石孔相互连通后可能会改善页岩气的运移和渗流能力。总之，放射虫化石孔与有机孔形成的有机-无机复合孔隙可增加页岩孔隙系统的多样性，改善页岩气的储集空间。

4.6 放射虫化石孔隙对页岩孔隙贡献的定量评价

为定量表征页岩孔隙系统中各类孔隙的相对比例，特别是放射虫化石孔对页岩孔隙的贡献，我们利用 Image J 软件，首先将孔隙特征显著的扫描电镜照片转换为二值化图像，接着选择合适的灰度值并调整相关阈值，最后利用软件计算出各类孔隙的面孔率[168]，计算结果可见表4-3、图4-9。

表4-3 利用 Image J 软件计算有机孔、矿物基质孔及放射虫化石孔面孔率

扫描电镜图片编号	有机孔面孔率/%	矿物基质孔面孔率/%	放射虫化石孔面孔率/%
1	12.64	2.36	4.68
2	13.71	1.81	3.67
3	20.54	2.34	5.63
4	14.16	3.10	4.06
5	11.57	1.69	5.62
6	22.49	1.33	5.22
7	16.53	2.64	5.39
8	11.29	2.37	4.41
9	21.28	3.08	3.10
10	20.76	1.55	5.96
11	19.89	1.68	4.20
12	16.83	1.17	4.24

续表 4-3

扫描电镜图片编号	有机孔面孔率/%	矿物基质孔面孔率/%	放射虫化石孔面孔率/%
13	18.09	1.88	5.25
14	13.44	2.70	6.81
15	14.13	2.35	6.50
16	16.84	2.64	6.07
17	15.16	2.49	7.51
18	28.69	1.47	3.87
19	19.28	2.20	4.04
20	9.17	1.69	6.56
21	15.71	1.55	5.34
22	23.80	0.89	6.64
23	16.05	0.50	5.86
24	13.10	1.43	5.61
25	8.11	0.61	4.64
26	6.98	2.24	6.43
27	9.08	2.97	4.86
28	6.59	0.67	5.23
29	11.65	0.82	4.18
30	32.43	1.41	3.80
31	20.45	1.50	6.65
32	25.36		7.75
33	11.15		5.39
34	6.38		6.22
35	10.58		
36	14.35		
37	17.15		
38	11.43		
39	17.17		
40	13.71		
平均值	15.69	1.84	5.34

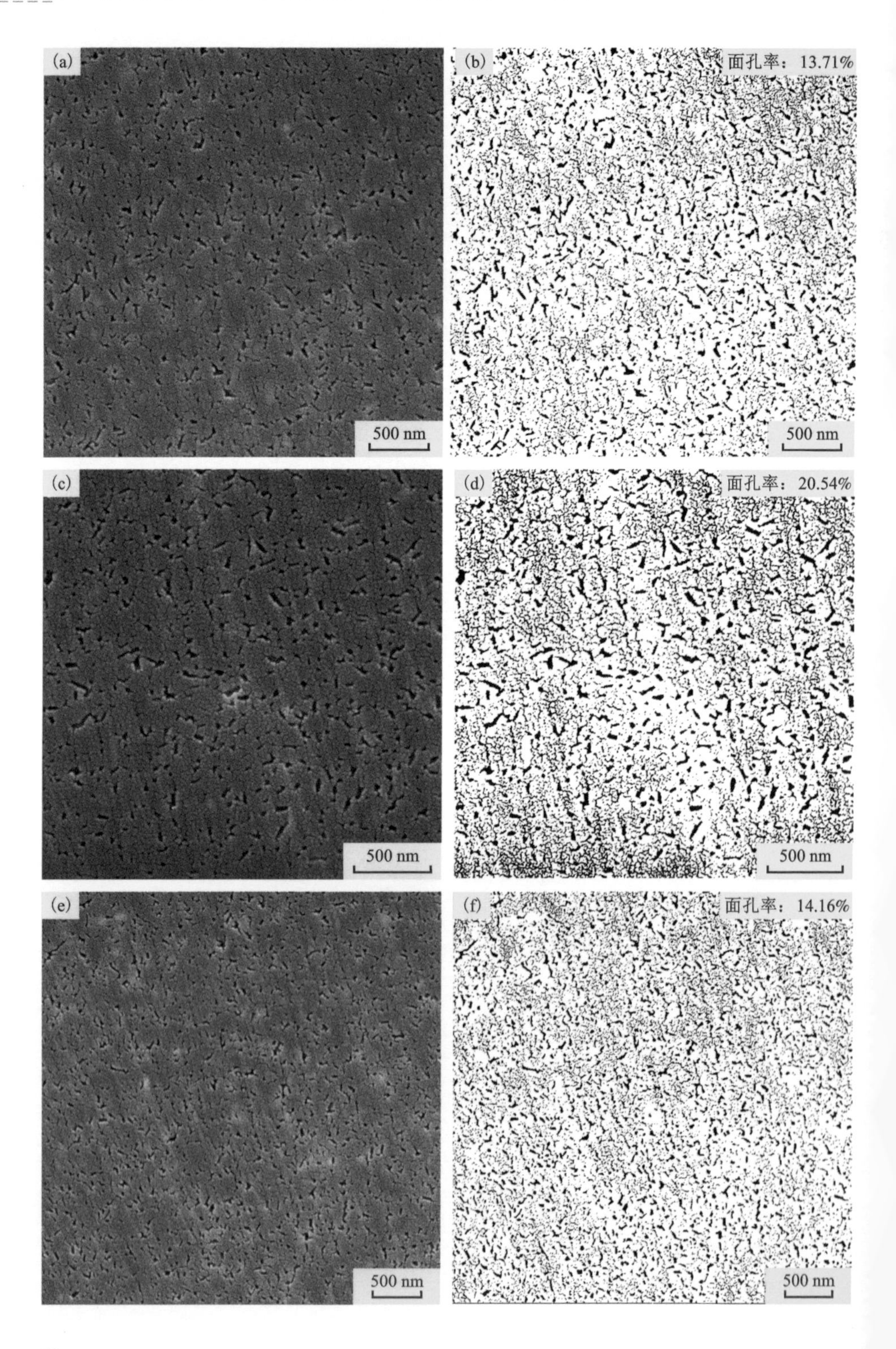
(a)
500 nm
(b)
面孔率：13.71%
500 nm
(c)
500 nm
(d)
面孔率：20.54%
500 nm
(e)
500 nm
(f)
面孔率：14.16%
500 nm

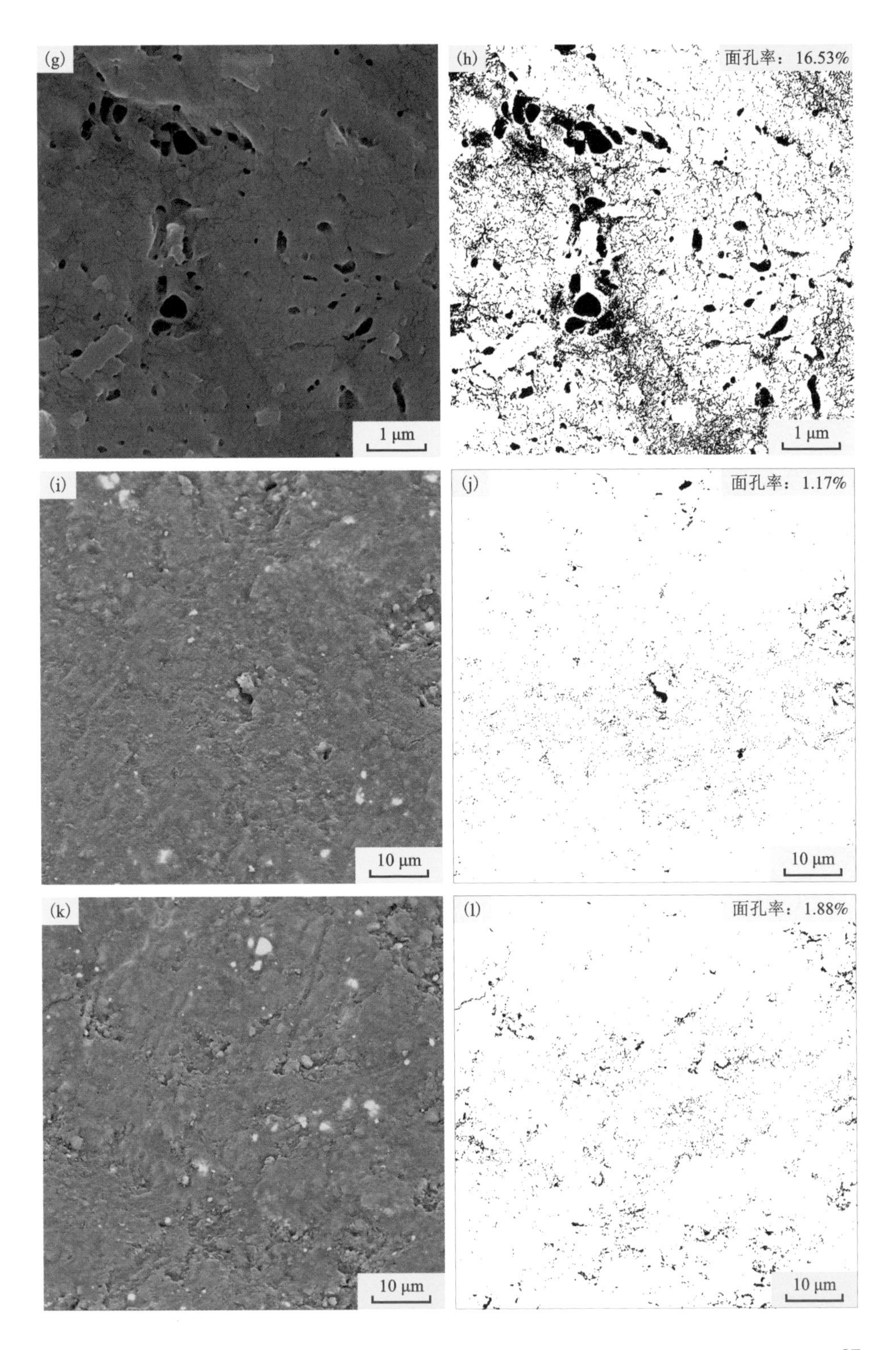
(g)
1 μm
(h)
面孔率：16.53%
1 μm
(i)
10 μm
(j)
面孔率：1.17%
10 μm
(k)
10 μm
(l)
面孔率：1.88%
10 μm

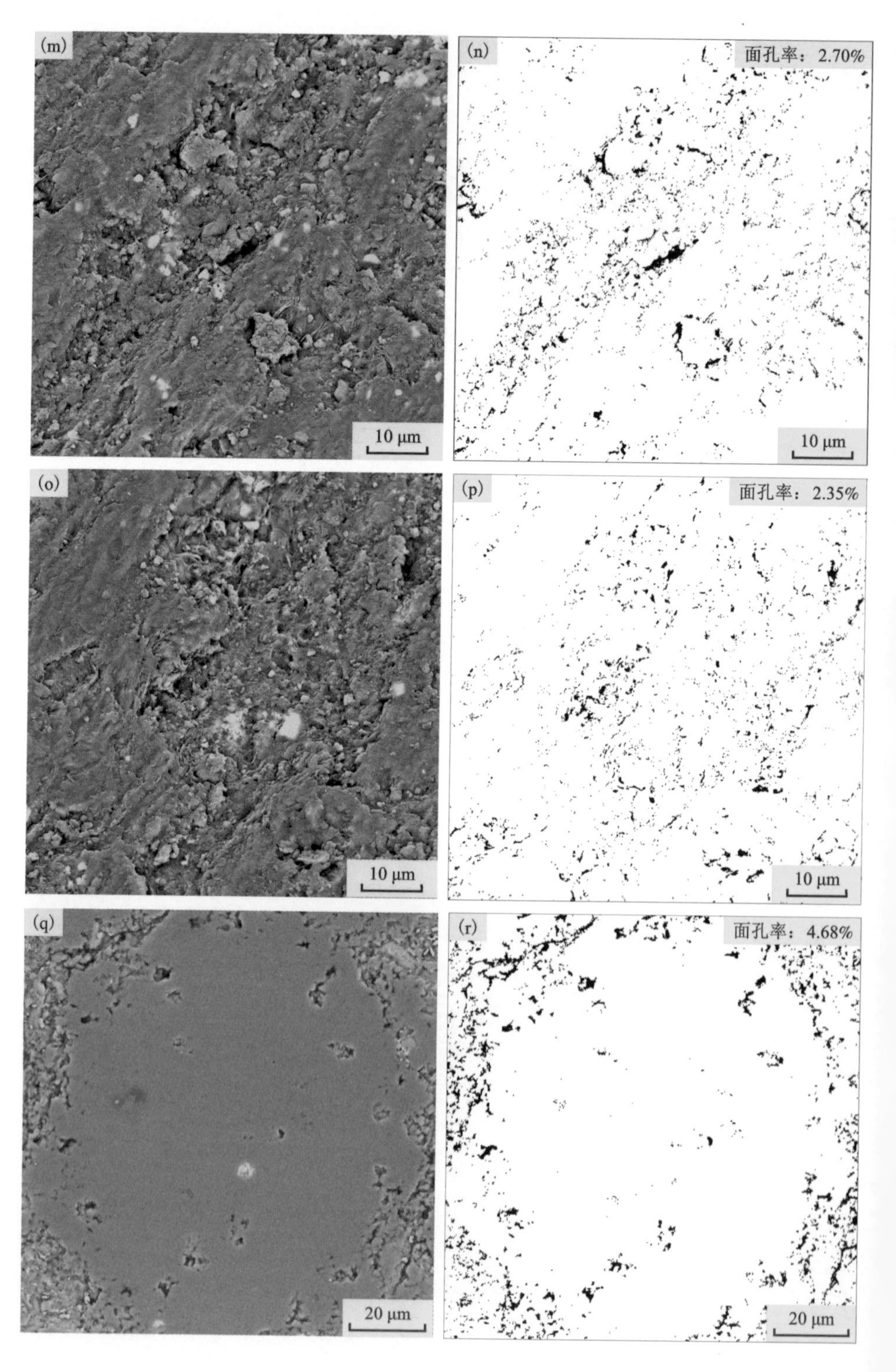
(m)
10 μm
(n)
面孔率：2.70%
10 μm
(o)
10 μm
(p)
面孔率：2.35%
10 μm
(q)
20 μm
(r)
面孔率：4.68%
20 μm

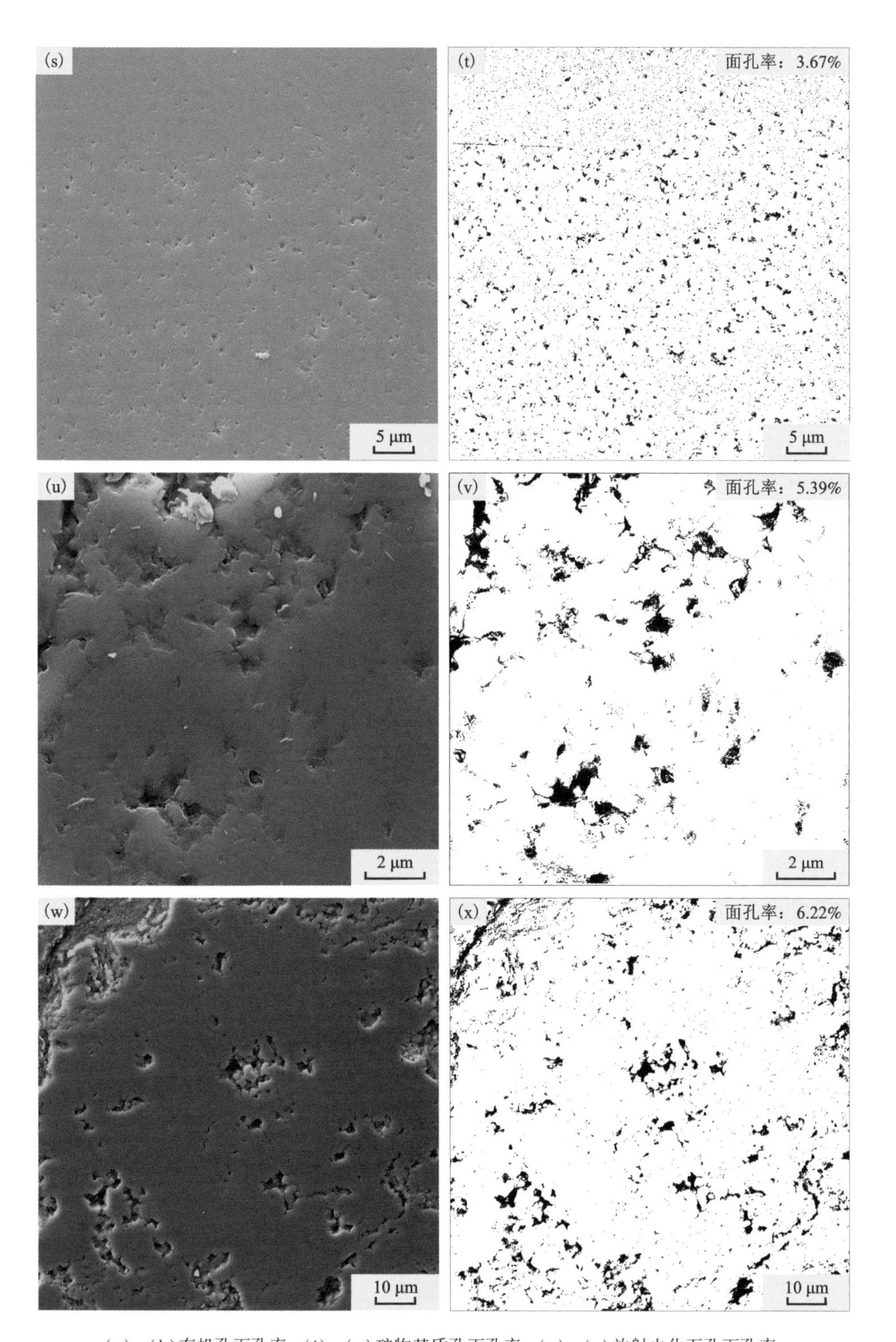

(a)~(h)有机孔面孔率；(i)~(p)矿物基质孔面孔率；(q)~(x)放射虫化石孔面孔率。

图 4-9　利用 Image J 软件计算的各类孔隙面孔率

有机孔面孔率为6.38%~32.43%，平均为15.69%；矿物基质孔(包括粒间孔和粒内孔)面孔率为0.50%~3.10%，平均为1.84%，本次研究中常选取无放射虫和有机质的区域来计算矿物基质孔，尽可能确保计算结果准确；放射虫化石孔面孔率为3.10%~7.75%，平均为5.34%。

以龙参2井深度为1915.88 m的富放射虫页岩层为例，具体计算其各类孔隙的相对贡献。富放射虫页岩的TOC含量为2.75%(表4-1)，有机孔平均面孔率为15.69%，假设所有有机质中均发育有机孔，则有机质提供的有机孔面孔率可粗略地计算为$\Phi_{有机孔}=2.75\%\times15.69\%=0.43\%$。矿物基质孔和放射虫化石孔的平均面孔率分别为1.84%和5.34%，同样的，放射虫含量为17.74%(表4-1)，那么放射虫提供的化石孔面孔率约为$\Phi_{放射虫}=17.74\%\times5.34\%=0.95\%$。以上计算结果说明该富放射虫页岩层以矿物基质孔为主(1.84%)，其次为放射虫化石孔隙(0.95%)。与矿物基质孔和有机孔相比，以放射虫为代表的微体化石孔隙的确对页岩孔隙系统具有一定贡献，在今后海相页岩气储层孔隙结构研究中应予以重要关注。

需要说明的是，以上计算出的各类孔隙面孔率均是近似值，特别是有机孔面孔率，因为在大多数地质条件下有机质分布复杂多样且不均匀，有机孔的发育具有典型的非均质性特征，按照本研究的计算方法，计算的平均面孔率可能会与实际面孔率存在一定偏差。此外，尽管场发射扫描电镜的分辨率较高，但依然很难观察到孔径小于5 nm的有机孔，同时在电镜观察中为增强页岩导电性，实验前会向页岩表面喷涂一层金膜，这可能也会覆盖一些较小的纳米级孔隙。这些操作是不可避免的，同样会导致计算结果的不准确。尽管会存在一些计算偏差，但开展放射虫化石孔隙的研究仍然为页岩孔隙系统多样性的认识提供了一些新见解。

4.7 本章小结

利用低压气体(CO_2/N_2)吸附测试及高压压汞分析等实验定量表征了页岩孔隙结构特征，结果表明，页岩的比表面积主要是由微孔贡献，其次是介孔；孔体积主要是由介孔贡献，其次是宏孔；其中比表面积主要受有机质含量的控

制，而孔体积主要受黏土矿物含量的影响。在确保 TOC、黏土矿物及脆性矿物等含量近似相当情况下，即相似地质条件下，富放射虫页岩的孔体积要明显高于无放射虫页岩，说明放射虫化石孔隙可增加页岩孔隙体积，同样有利于游离气的富集。基于定性表征和定量研究，建立了放射虫与有机质共生的微观孔隙结构模式图，提出了放射虫化石孔与有机孔相互连通后可形成一种新的“细颈-墨水瓶状”复合孔隙网络，既丰富了页岩气赋存方式的多样性，又增加了页岩孔隙网络的非均质性。最后利用 Image J 软件计算出有机孔面孔率约为 15.69%，矿物基质孔面孔率约为 1.84%，放射虫化石孔面孔率约为 5.34%，说明以放射虫为代表的微体化石孔隙对页岩孔隙系统具有一定贡献，在今后页岩储层孔隙结构研究中应予以足够关注。

第5章 富放射虫页岩甲烷吸附机理

通过以上定性、定量的研究，明确了放射虫化石中仍保留着大量化石孔隙，同时，在相似的地质条件下，富放射虫页岩层的孔体积显著大于无放射虫页岩层，即放射虫的化石孔隙可增加页岩孔隙体积，是游离气聚集的重要储集空间。上述研究中常常观察到放射虫化石壳体外包裹着有机质的现象，甚至在放射虫化石孔隙内亦充填着有机质，有机质中发育着丰富的纳米级有机孔隙，有机孔是吸附气赋存的重要场所。那么与放射虫共生的有机质与页岩中孤立的块状有机质在甲烷吸附能力方面是否存在差异？换言之，在相似地质背景下，富放射虫页岩层与无放射虫页岩层的甲烷吸附能力是否存在差异？若存在差异，那导致吸附差异的机理是什么？为解决以上问题，本章以高压甲烷等温吸附实验为基础，通过计算相关吸附热力学参数来比较富放射虫页岩与无放射虫页岩的甲烷吸附差异，最后建立富放射虫页岩的甲烷吸附模型并提出创新性的吸附机理。

5.1 甲烷吸附实验

5.1.1 实验样品

在以上关于富放射虫页岩与无放射虫页岩孔隙结构差异认识的基础上，本次甲烷等温吸附实验同样选取相似的2组富放射虫页岩层与无放射虫页岩层（图5-1）。关于样品的基本地质信息可参考表4-1。富放射虫页岩层与无放射

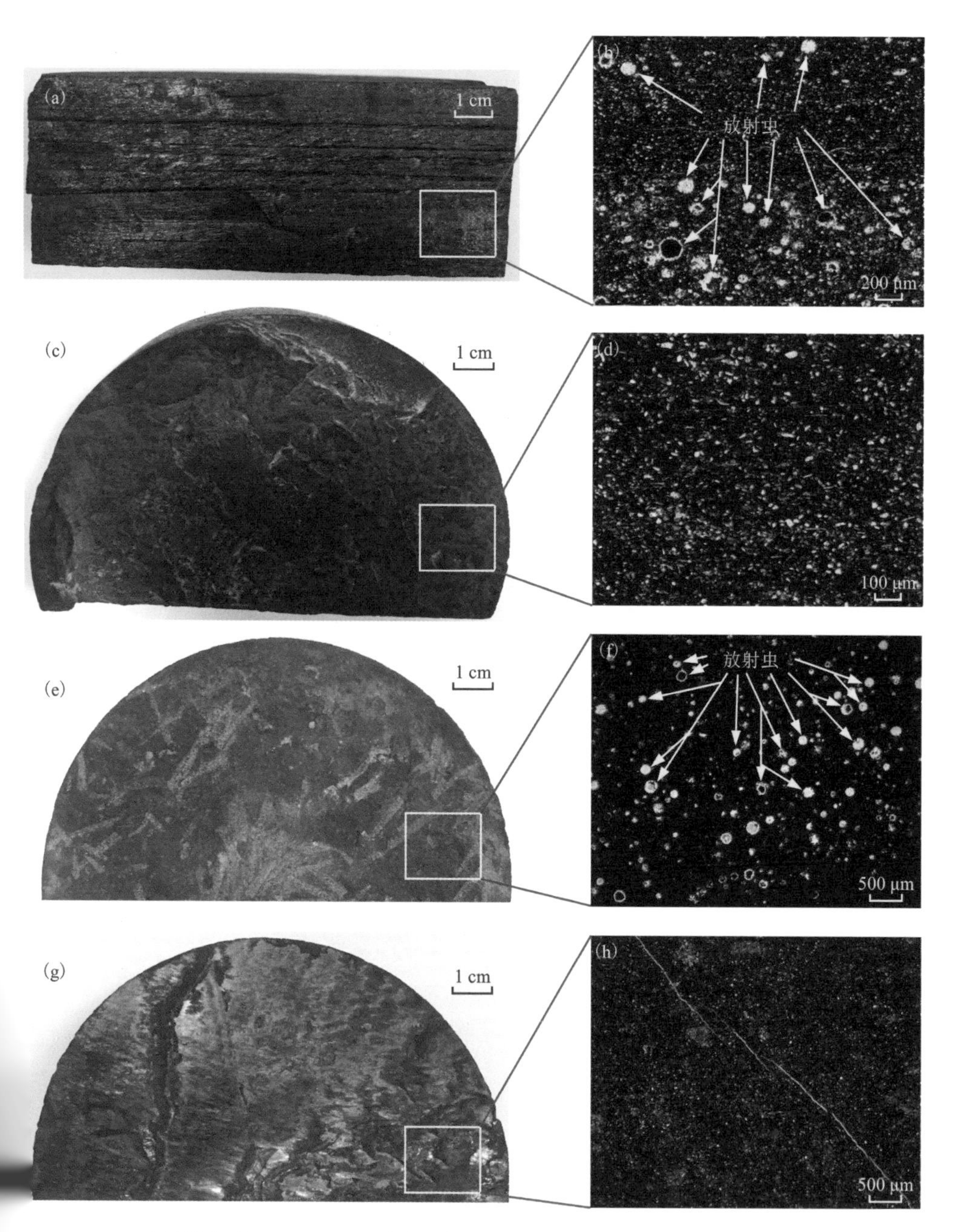

(a)(b)富放射虫页岩，1913.47 m，龙参 2 井；(c)(d)无放射虫页岩，1913.67 m，龙参 2 井；(e)(f)富放射虫页岩，1915.88 m，龙参 2 井；(g)(h)无放射虫页岩，1918.10 m，龙参 2 井。

图 5-1　富放射虫页岩与无放射虫页岩手标本及镜下显微特征

虫页岩层之间的 TOC、黏土矿物及脆性矿物的含量是相似的，唯一显著的差别是放射虫化石含量，即在相似地质背景下，来探究放射虫化石对页岩甲烷吸附能力的影响。

5.1.2 甲烷吸附实验原理

甲烷吸附量的测定通常需要经过空白测试(blank)、样品预处理(pretreatment)、浮力测试(buoyancy)及甲烷吸附(adsorption)4 个步骤。

(1)空白测试。

主要是通过磁悬浮天平系统来测量样品桶的质量和体积，这一阶段样品桶中不放入页岩样品，测试压力从真空开始(即 0 MPa)，载气为甲烷，最大测试压力为 30 MPa，由于样品仓内样品桶会受到载入的游离甲烷产生的浮力作用，因此在空白测试阶段磁悬浮天平的读数可以写作：

$$M_{天平}=M_{样品桶}-\rho_{游离甲烷}\times V_{样品桶} \tag{5-1}$$

式中：$M_{天平}$为磁悬浮天平的读数；$M_{样品桶}$为空样品桶质量；$\rho_{游离甲烷}$为指定温度和压力条件下游离甲烷的密度；$V_{样品桶}$为空样品桶的体积。

其中，$M_{天平}$与$\rho_{游离甲烷}$间线性关系中的斜率就是样品桶的体积($V_{样品桶}$)，截距则表示样品桶的质量($M_{样品桶}$)。

(2)样品预处理。

在记录下空桶质量和体积的基础上，将约 3 g 的粉末状页岩样品放入样品桶中，真空条件下预处理 12 h，以去除水分和挥发性组分。

(3)浮力测试。

在做好前两步的基础上，浮力测试是通过磁悬浮天平系统来精确测量页岩样品的质量和体积。这一阶段选择氦气作为载气，因为氦气不会吸附在页岩样品上，只是会在样品仓内产生浮力，磁悬浮天平的读数可以写作：

$$M_{天平}=M_{样品桶}+M_{样品}-\rho_{游离氦气}\times(V_{样品桶}+V_{样品}) \tag{5-2}$$

式中：$M_{样品}$为页岩样品质量；$\rho_{游离氦气}$为在指定温度和压力条件下游离氦气的密度；$V_{样品}$为页岩样品的体积。

将已经计算出的样品桶质量($M_{样品桶}$)和样品桶体积($V_{样品桶}$)代入公式(5-2)，$M_{天平}$与$\rho_{游离氦气}$间线性关系中的斜率就是页岩样品的体积($V_{样品}$)，截距

则表示样品的质量($M_{样品}$)。

(4)甲烷吸附。

以甲烷作为载气，测试压力为 0~30 MPa，通过测定甲烷在页岩中的吸附含量来反映页岩的甲烷吸附能力强弱。当实验温度波动小于 0.5 ℃，实验压力波动小于 0.01 MPa，并且 10 min 内样品质量变化幅度不超过 50 μg 时，则认为甲烷吸附达到平衡状态，磁悬浮天平的读数可以写作：

$$M_{天平}=M_{样品桶}+M_{样品}+M_{吸附甲烷}-\rho_{游离甲烷}\times(V_{样品桶}+V_{样品}+V_{吸附相}) \tag{5-3}$$

式中：$M_{吸附甲烷}$为页岩中吸附的甲烷质量；$\rho_{游离甲烷}$为在指定温度和压力条件下游离甲烷的密度；$V_{吸附相}$为吸附相体积。

依据公式(5-3)可知甲烷吸附量可以表示为

$$M_{吸附甲烷}=M_{天平}-M_{样品桶}-M_{样品}+\rho_{游离甲烷}\times(V_{样品桶}+V_{样品}+V_{吸附相}) \tag{5-4}$$

若要确定甲烷吸附量($M_{吸附甲烷}$)，那么公式(5-4)中 $V_{吸附相}$则是关键参数。由于在整个甲烷吸附实验过程中，吸附相体积在不断变化，所以现有的甲烷吸附仪器均无法直接测定页岩的实际甲烷吸附量(即甲烷绝对吸附量)。鉴于此，前人提出了一个新参数，用甲烷过剩吸附量来描述吸附实验[62, 67, 169]，过剩吸附量可写作：

$$M_{过剩}=M_{吸附甲烷}-\rho_{游离甲烷}\times V_{吸附相} \tag{5-5}$$

将公式(5-5)代入公式(5-4)中，可得：

$$M_{过剩}=M_{天平}-M_{样品桶}-M_{样品}+\rho_{游离甲烷}\times(V_{样品桶}+V_{样品}) \tag{5-6}$$

在整个实验过程中，游离甲烷的密度($\rho_{游离甲烷}$)和游离氦气的密度($\rho_{游离氦气}$)可通过 Setzmann & Wagner 方程获得[170]。将所有已知量代入公式(5-6)中便可计算出甲烷过剩吸附量($M_{过剩}$)，即通过重量法等温吸附仪测定的吸附量实际上为过剩吸附量，通俗来讲就是补偿了甲烷吸附相浮力作用后的吸附量。

5.1.3　计算甲烷绝对吸附量

甲烷绝对吸附量能够反映页岩对甲烷的实际吸附能力，因此在得到过剩吸附量的基础上，需要计算出绝对吸附量。通过以上吸附实验原理可知，吸附相体积或吸附相密度是求取绝对吸附量的关键参数。目前有三种方法来求取吸附相体积或吸附相密度：第一种方法是直接将吸附相密度设置为 0.423 g/cm^3(甲烷沸点状态下密度)或 0.373 g/cm^3(范德瓦尔斯密度)[59, 62]，并代入公式直接计算甲烷绝对吸附量；第二种方法是实验模型法，基于常见吸附模型如 Langmuir 模型、Supercritical Dubinin–Radushkevich 模型及 Freundlich 模型等，利用最小二乘法进行数据拟合以求取绝对吸附量[69]；第三种方法是利用线性关系求取，公式(5-5)显示了甲烷过剩吸附量($M_{过剩}$)与游离甲烷密度($\rho_{游离甲烷}$)间的线性关系，只有当游离甲烷的密度足够高时，这种线性相关性才会成立[62]，那线性关系中的斜率就是吸附相体积，该方法常被应用在质量法高压吸附仪中以求取吸附相体积，进而计算绝对吸附量。在实际实验过程中，当吸附测试处于高压阶段时(大于 20 MPa)，甲烷过剩吸附量通常呈线性下降的趋势，利用上述第三种方法在甲烷吸附仪自带软件中可计算出吸附相密度并获得绝对吸附量，本研究中涉及的绝对吸附量均是利用该方法求取到的。

5.2　甲烷吸附特征

5.2.1　甲烷吸附与时间相关性

甲烷吸附随时间的变化曲线可以用来确定甲烷过剩吸附达到平衡状态的时间，磁悬浮天平每 5 s 记录一次页岩样品的质量，直至吸附达到平衡状态，在已知平衡状态下甲烷的过剩吸附量，依据质量守恒原理，可以计算出达到平衡状态之前任何时刻的甲烷过剩吸附量。如图 5-2 所示，不同温度下，富放射虫页岩和无放射虫页岩的甲烷吸附随时间变化趋势相似，均表现为在 250 s 之前，甲烷过剩吸附随时间的增加呈快速增加的趋势，说明甲烷分子在早期吸附阶段能够快速吸附到页岩中；甲烷过剩吸附在 250 s 之后逐渐达到平衡状态，并最终趋于稳定。平衡时间还取决于页岩样品的粒径大小，对于本次用于甲烷吸附实验的 40~60 目页岩样品而言，1500~5000 s 的吸附时间足以确保甲烷吸附达到平衡状态。

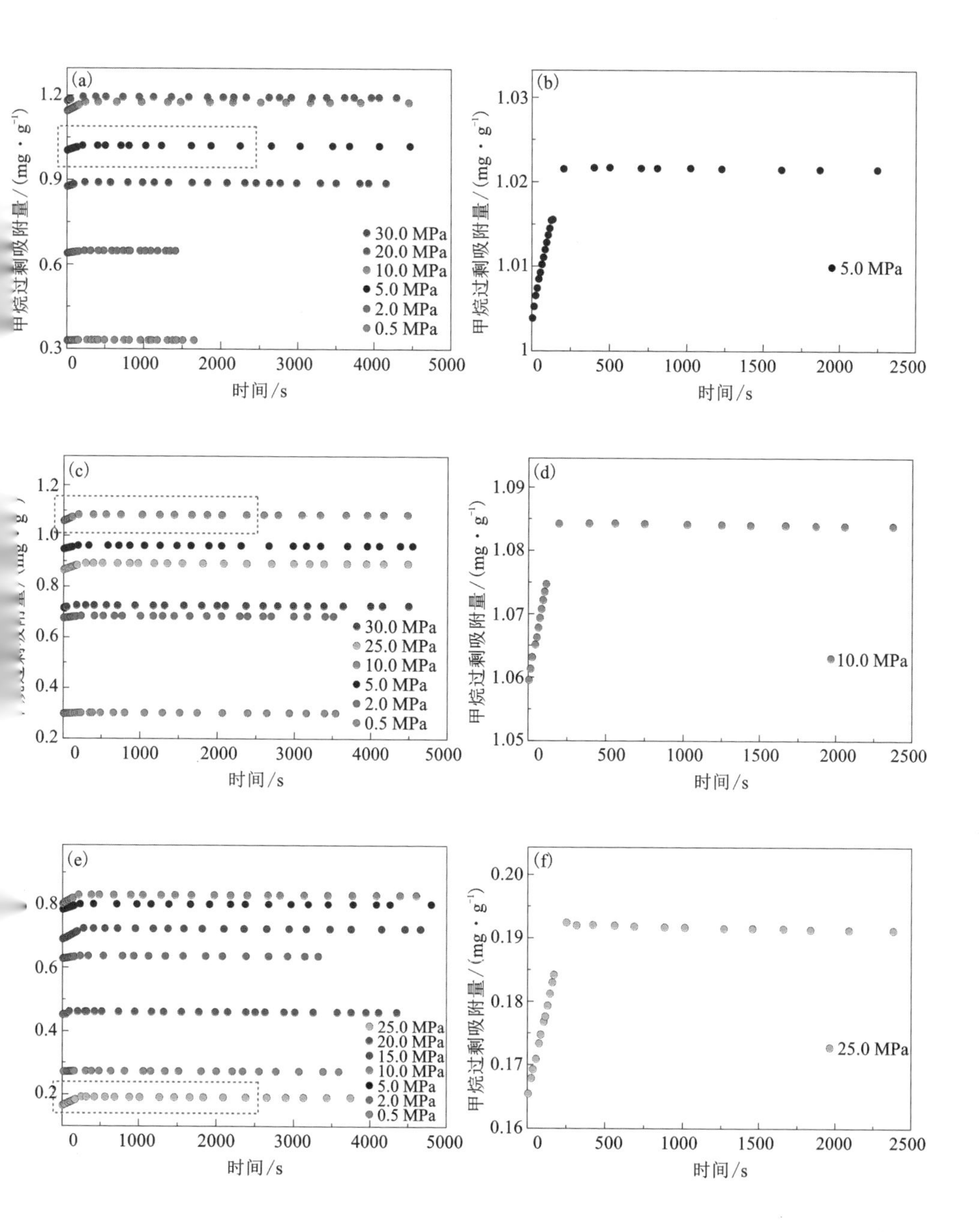
(a)
甲烷过剩吸附量/(mg·g⁻¹)
30.0 MPa
20.0 MPa
10.0 MPa
5.0 MPa
2.0 MPa
0.5 MPa
时间/s
(b)
5.0 MPa
(c)
30.0 MPa
25.0 MPa
10.0 MPa
5.0 MPa
2.0 MPa
0.5 MPa
(d)
10.0 MPa
(e)
25.0 MPa
20.0 MPa
15.0 MPa
10.0 MPa
5.0 MPa
2.0 MPa
0.5 MPa
(f)
25.0 MPa

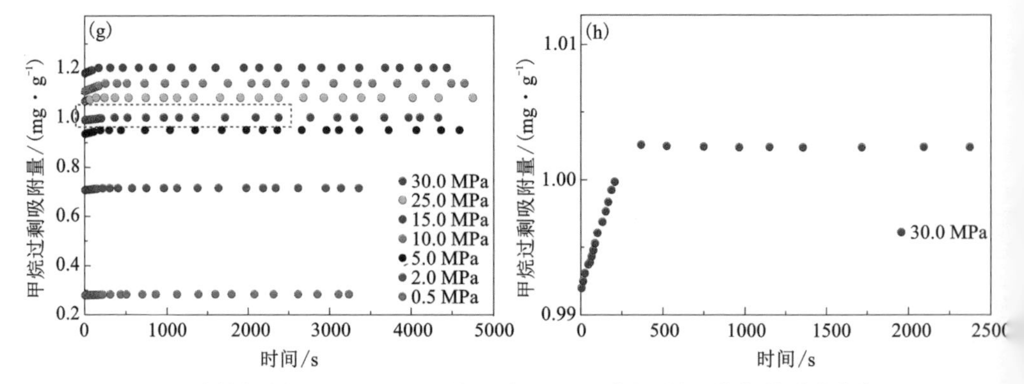

(a)无放射虫页岩，323.15 K；(b)图(a)中5 MPa压力的甲烷吸附随时间变化曲线；
(c)无放射虫页岩，333.15 K；(d)图(c)中10 MPa压力的甲烷吸附随时间变化曲线；
(e)富放射虫页岩，333.15 K；(f)图(e)中25 MPa压力的甲烷吸附随时间变化曲线；
(g)富放射虫页岩，343.15 K；(h)图(g)中30 MPa压力的甲烷吸附随时间变化曲线。

图5-2　甲烷吸附随时间变化曲线

5.2.2　甲烷吸附与压力相关性

富放射虫页岩与无放射虫页岩的实测甲烷过剩曲线如图5-3(a)所示，具体过剩吸附量可见表5-1。这两类页岩样品的过剩吸附曲线形态相似，在低压条件下(小于2 MPa)，甲烷的过剩吸附量随压力的增加快速增加；在压力为2~15 MPa时，过剩吸附量缓慢增加并达到最大值；在高压条件下(大于15 MPa)，过剩吸附量线性下降，甚至为负值，这种吸附现象在诸多研究中已被报道[62, 171, 172]。这主要是因为在低压条件下游离相甲烷的密度足够低，可以忽略不计；但随着压力的增大，游离甲烷的密度逐渐增大，并且不可忽略，根据公式(5-5)可知，甲烷过剩吸附量可以为0，甚至为负值。

富放射虫页岩与无放射虫页岩的甲烷绝对吸附曲线如图5-3(b)所示，具体计算的绝对吸附量可见表5-1。在同一温度下，甲烷绝对吸附量随压力的增加而增大，并最终趋于稳定，这是气体与固体间发生物理吸附的自然现象。值得关注的是，在相同的压力和温度条件下，富放射虫页岩对甲烷的绝对吸附量总是大于无放射虫页岩的甲烷绝对吸附量，为了避免实验误差，能够真正揭示富放射虫页岩与无放射虫页岩的甲烷吸附差异及吸附机理，我们同样在龙参2井中选择了另一组富放射虫页岩(1915.88 m)与无放射虫页岩(1918.10 m)样品来做比较，这两个页岩样品的岩性、脆性矿物、黏土矿物及TOC含量等基本相似，具体信息可参见表4-1，唯一显著差异同样是放射虫化石含量。分别在温度为323.15 K和343.15 K条件下进行了一系列甲烷吸附实验[图5-3(c)(d)]，实验结果同样显示出富放射虫页岩的甲烷绝对吸附量大于无放射虫页岩。

表 5-1　不同压力和温度条件下测定的甲烷过剩吸附量与计算的甲烷绝对吸附量

样品	323.15 K			333.15 K			343.15 K		
	压力/MPa	过剩吸附量/($cm^3 \cdot g^{-1}$)	绝对吸附量/($cm^3 \cdot g^{-1}$)	压力/MPa	过剩吸附量/($cm^3 \cdot g^{-1}$)	绝对吸附量/($cm^3 \cdot g^{-1}$)	压力/MPa	过剩吸附量/($cm^3 \cdot g^{-1}$)	绝对吸附量/($cm^3 \cdot g^{-1}$)
富放射虫页岩	0	0	0	0	0	0	0	0	0
	0.492	0.263	0.319	0.494	0.355	0.396	0.491	0.369	0.382
	2.008	0.658	0.884	1.992	0.835	0.999	2.005	0.929	0.984
	4.994	0.826	1.410	4.995	1.041	1.470	4.995	1.235	1.379
	9.991	1.119	2.340	10.001	1.078	1.965	9.998	1.482	1.776
	14.996	1.117	2.992	15.003	0.939	2.295	15.004	1.563	2.012
	19.992	0.845	3.324	20.008	0.599	2.395	20.006	1.544	2.138
	24.990	0.372	3.379	25.002	0.249	2.432	25.002	1.406	2.129
	29.993	−0.125	3.333	30.003	−0.123	2.400	30.007	1.302	2.145
无放射虫页岩	0	0	0	0	0	0	0	0	0
	0.494	0.431	0.453	0.490	0.393	0.413	0.495	0.241	0.264
	1.995	0.843	0.932	1.999	0.889	0.973	1.999	0.685	0.780
	5.006	1.327	1.564	4.997	1.249	1.466	4.996	0.997	1.244
	9.997	1.529	2.021	10.001	1.408	1.858	9.999	1.152	1.660
	15.006	1.546	2.302	15.006	1.405	2.092	15.001	1.147	1.920
	20.008	1.553	2.554	20.007	1.309	2.219	20.003	1.006	2.030
	25.009	1.417	2.631	25.008	1.157	2.265	25.003	0.814	2.062
	29.994	1.156	2.555	30.000	0.942	2.216	30.006	0.587	2.030

5.2.3 甲烷吸附与温度相关性

在同一压力条件下，富放射虫页岩与无放射虫页岩的甲烷绝对吸附量均随着温度的升高而降低[图 5-3(b)(d)]，这一现象归因于页岩中甲烷的吸附行为属于热力学放热过程[54, 173]。随着温度的升高，吸附在页岩上的甲烷分子因获得更多的动能而变得不稳定，增加的动能会削弱甲烷分子与页岩间相互作用，从而导致部分吸附态的甲烷分子从页岩表面逸出，成为游离态气体，降低了甲烷吸附量。

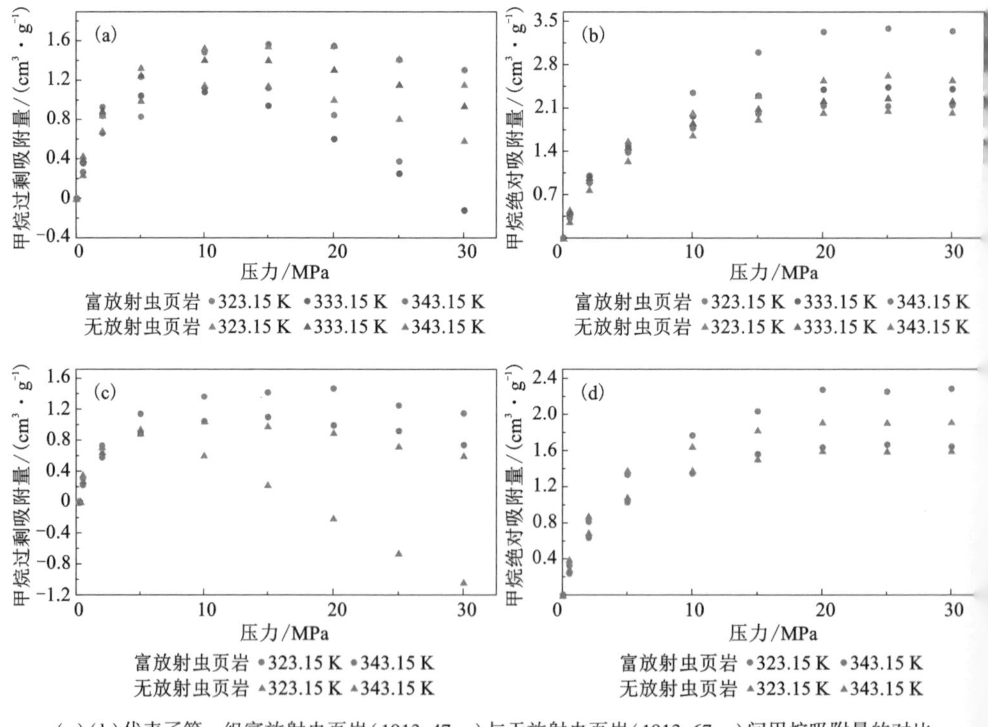

(a)(b)代表了第一组富放射虫页岩(1913.47 m)与无放射虫页岩(1913.67 m)间甲烷吸附量的对比；
(c)(d)代表了第二组富放射虫页岩(1915.88 m)与无放射虫页岩(1918.10 m)间甲烷吸附量的对比。

图 5-3 富放射虫页岩与无放射虫页岩的甲烷过剩吸附量与绝对吸附量

为进一步探究温度对甲烷绝对吸附的负面影响，我们绘制富放射虫页岩与无放射虫页岩的甲烷绝对吸附量与温度间相关性图解(图 5-4)。随着温度的

升高，甲烷绝对吸附量呈线性下降，并且实验压力越大，线性相关性的斜率越大，这一点在富放射虫页岩中尤为显著。党伟等[77]通过热力学和动力学方法研究富有机质页岩的甲烷吸附特征时也发现了上述现象，这可能是由于在高压条件下甲烷分子间相互碰撞作用力加强，阻碍了部分甲烷分子向页岩表面的吸附。此外，我们还观察到一个有趣的现象，随着温度的升高，富放射虫页岩在不同压力段的绝对吸附量降低速率显著高于无放射虫页岩。即在单位温度变化范围内，富放射虫页岩中甲烷绝对吸附量变化更大，说明富放射虫页岩中有更多的甲烷分子将会从吸附态转变为游离态，可进一步理解为与无放射虫页岩相比，富放射虫页岩的甲烷吸附能力对温度的变化更为敏感。

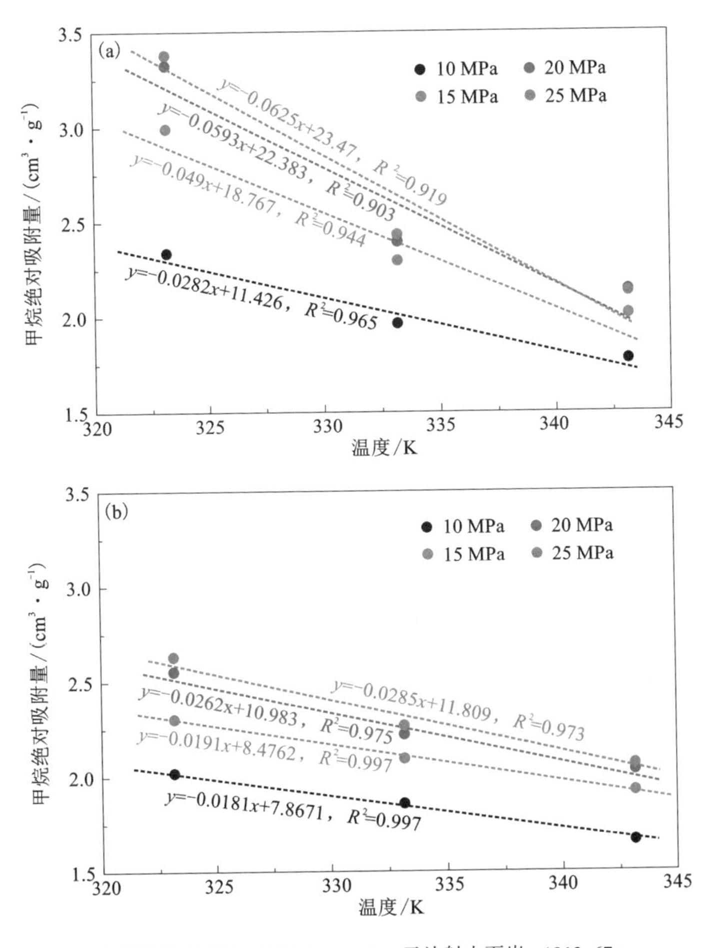

(a)富放射虫页岩，1913.47 m；(b)无放射虫页岩，1913.67 m。

图 5-4　甲烷绝对吸附量与温度相关性

5.3 吸附热力学研究

5.3.1 吸附热力学参数

吸附热力学不仅可以用来明确吸附类型(物理吸附或化学吸附)，还可以用来表征吸附剂表面的非均质性[59, 69, 174]。常见的吸附热力学参数包括焓变(ΔH)、等量吸附热(Q_{st})、标准熵变(ΔS^0)及吉布斯自由能变(ΔG)。以上热力学参数通常用来描述当甲烷绝对吸附量为某一固定值时，压力随温度的变化规律，通过下式可获得各热力学参数：

$$\ln(P/P^0)_n=(\Delta H/RT)-(\Delta S^0/R) \tag{5-7}$$

$$\Delta G=RT\ln(P^0/P) \tag{5-8}$$

式中：P 为平衡压力，MPa；P^0 为标准大气压，0.1 MPa；n 为某一具体的甲烷绝对吸附量，cm^3/g；R 为理想气体常数；T 为实验温度，K；ΔH 为吸附焓变，kJ/mol，并且满足 $\Delta H=-Q_{st}$，即焓变与等量吸附热的相反数相等；ΔS^0 为吸附标准熵变，J/mol/K。

通过绘制 $\ln P$ 与 $1/T$ 的相关线性图解，便可以从 y 轴截距和线性斜率来确定 ΔS^0 和 $\Delta H(Q_{st})$ 等热力学参数。此外，将相关实验温度和压力代入公式(5-8)中可直接计算出吉布斯自由能变 ΔG(kJ/mol)。

5.3.2 富放射虫页岩与无放射虫页岩的吸附热力学差异

若想计算出各热力学参数，首先要选取不同的甲烷绝对吸附量，参照前人研究方法[59, 76]，本次研究中 3 个不同的甲烷绝对吸附量(n_1，n_2，n_3)的确定方法如下：从表 5-1 中可知，最大甲烷绝对吸附量为 3.379 cm^3/g，对应着温度为 323.15 K 时的富放射虫页岩样品，鉴于此，选取第 2 个甲烷绝对吸附量(n_2)为 1.624 cm^3/g，数值上约为最大绝对吸附量(3.379 cm^3/g)的一半；同时，绝对吸附量间通常满足 $n_1<n_2<n_3$ 的关系，那么选取 n_3 为 2.013 cm^3/g，n_1 为 1.169 cm^3/g。

接着绘制出不同绝对吸附量下的 $\ln p$ 与 $1/T$ 的相关线性图解(图 5-5)，分别从 y 轴截距和斜率来确定 ΔS^0 和 ΔH，具体数值可参见表 5-2。富放射虫页岩和无放射虫页岩的 Q_{st} 分别为(12.471~36.951) kJ/mol 和(10.346~28.406) kJ/mol，平均值分别为 22.432 kJ/mol 和 17.506 kJ/mol，富放射虫页岩的 Q_{st} 平均值高于无放射虫页岩。富放射虫页岩的 ΔS^0 分布范围为(-66.631~-150.068) J/(mol · K)，无放射虫页岩的 ΔS^0 分布范围为-61.590~-126.082 J/(mol · K)。通过公式(5-8)可计算出不同温度下的 ΔG，具体数值见表 5-2。

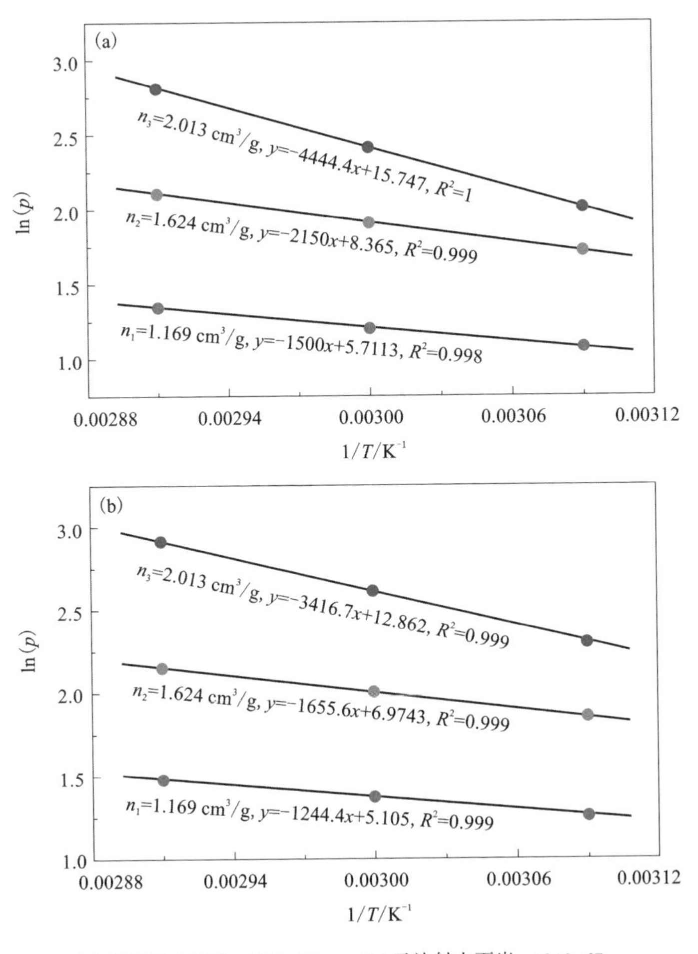

(a)富放射虫页岩，1913.47 m；(b)无放射虫页岩，1913.67 m。

图 5-5　不同绝对吸附量下的 lnp 与 1/T 的相关线性图解

表 5-2　甲烷吸附的各热力学参数

样品	n/ (cm^3·g^{-1})	线性方程	R^2	ΔH/ (kJ·mol^{-1})	Q_{st}/ (kJ·mol^{-1})	ΔS^0/ (J·mol·K^{-1})	ΔG/(kJ·mol^{-1})		
							323.15 K	333.15 K	343.15 K
富放射虫页岩	1.169	$y=-1500x+5.711$	0.998	−12.471	12.471	−66.631	−9.086	−9.719	−10.417
	1.624	$y=-2150x+8.365$	0.999	−17.875	17.875	−88.694	−10.816	−11.674	−12.588
	2.013	$y=-4444.4x+15.747$	1	−36.951	36.951	−150.068	−11.596	−13.071	−14.594
平均值				−22.432	22.432	−101.798	−10.499	−11.488	−12.533
无放射虫页岩	1.169	$y=-1244.4x+5.105$	0.999	−10.346	10.346	−61.590	−9.567	−10.185	−10.798
	1.624	$y=-1655.6x+6.974$	0.999	−13.765	13.765	−77.131	−11.178	−11.943	−12.721
	2.013	$y=-3416.7x+12.862$	0.999	−28.406	28.406	−126.082	−12.372	−13.624	−14.890
平均值				−17.506	17.506	−88.268	−11.039	−11.917	−12.803

Q_{st} 常常用来描述吸附剂(页岩)与吸附质(甲烷)之间的相互作用强度。对于物理吸附，Q_{st} 通常低于 41 kJ/mol，而对于化学吸附，Q_{st} 大于 62 kJ/mol[175]。本次研究中，富放射虫页岩与无放射虫页岩的 Q_{st} 均小于 41 kJ/mol(表 5-2)，因此甲烷在页岩表面上的吸附属于物理吸附，这一认识与前人研究一致[76, 77]。此外，富放射虫页岩与无放射虫页岩均表现出随着绝对吸附量的增加(从 1.169 cm^3/g 增加到 2.013 cm^3/g)，Q_{st} 呈现出增加的趋势(表 5-2)，这是因为甲烷吸附量的增加表明了有更多的甲烷分子被吸附到页岩孔隙表面，相应的甲烷分子与页岩孔隙表面之间的相互作用力(范德华力)也随之增强，那么对应的 Q_{st} 呈增大趋势。值得关注的是，在相同的绝对吸附量条件下，富放射虫页岩的 Q_{st} 总是高于无放射虫页岩，特别是当吸附量较大时，二者间的差异更为显著。5.1.1 节中已交代过富放射虫页岩与无放射虫页岩在岩性、黏土矿物、脆性矿物及 TOC 含量等方面基本相似，二者之间最显著的区别就是放射虫化石的含量，即在相似地质条件下，富放射虫页岩与甲烷分子的相互作用力强于无放射虫页岩与甲烷分子间相互作用力，相互作用力越强，越有利于甲烷分子的吸附。

ΔS^0 用来反映吸附在页岩孔隙表面甲烷分子的无序程度。在不同绝对吸附量条件下，富放射虫页岩和无放射虫页岩的 ΔS^0 均为负值，这说明吸附过程中甲烷分子的无序性在降低。此外，这两类页岩均表现出随着绝对吸附的增加，ΔS^0 呈减小趋势(表 5-2)，这反映了甲烷分子的无序性在大大降低，意味着甲烷分子受到了严格的限制。值得注意的是，随着甲烷绝对吸附量的增加，富放射虫页岩的 ΔS^0 数值明显低于无放射虫页岩，即富放射虫页岩中甲烷分子的无序程度低于无放射虫页岩中甲烷分子的无序程度，这一认识揭示了在相似地质背景条件下，甲烷分子在富放射虫页岩中被束缚(吸附)的程度更大。

ΔG 主要用来表征甲烷吸附过程的自发性和可行性。在本研究中，富放射虫页岩和无放射虫页岩的 ΔG 均为负值，说明在页岩中甲烷的吸附行为属于热力学自发过程。同时，随着温度和绝对吸附量的增加，ΔG 的绝对值也呈现出增加的趋势，这反映了在较高温度和较大吸附量的条件下，需要获得更多的能量来驱动甲烷吸附的发生，即甲烷吸附行为变得更加困难和不利。对比发现，在同一温度和绝对吸附量的情况下，富放射虫页岩的 ΔG 绝对值始终低于无放射虫页岩的 ΔG 绝对值(表 5-2)，也就是说富放射虫页岩中发生甲烷吸附作用所需的能量更少。即在相似地质背景条件下，富放射虫页岩的甲烷吸附作用较无放射虫页岩的甲烷吸附更容易发生。

5.4　富放射虫页岩甲烷吸附模型与吸附机理

目前，多数研究认为甲烷分子更容易吸附在有机孔等较小纳米级孔隙中，因为孔隙越小，其比表面积就越大，从而增强了甲烷的吸附能力。不同沉积环境如海相、湖相及海陆过渡相等都会影响甲烷的吸附能力[176, 177]，主要是因为不同的沉积相中生烃母质来源不同，进而导致沉积物中有机质类型和有机质含量均存在差异，这都会影响有机孔隙的发育和后期甲烷吸附作用。此外，页岩埋藏压力和温度也是影响甲烷吸附量的外在因素[177]。为了控制上述因素对甲烷吸附作用的影响，选取的富放射虫页岩和无放射虫页岩样品均来自龙参 2 井，埋深分别为 1913.47 m 和 1913.67 m，可以认为二者的沉积环境/沉积背景(如热成熟度、埋藏压力、地层温度)具有相似性，同时上面章节中提到二者具有相似的 TOC 含量和矿物学组分。保证了其他变量相当，下面来讨论放射虫化石对页岩吸附能力的影响。

基于以上甲烷吸附特征的分析和吸附热力学的研究，我们明确了在相似地质背景下，富放射虫页岩的甲烷吸附量大于无放射虫页岩，很显然，与有机质共生的放射虫化石会影响甲烷的吸附能力。富放射虫页岩的甲烷吸附模型如图 5-6 所示，在本次研究中，我们认为页岩中发育的有机质类型有两种：一种是发育大量纳米级有机孔的孤立状沥青质，另一种则是包裹在放射虫化石壳体和充填在放射虫空腔内的有机质，与放射虫共生的有机质中同样发育着丰富的有机孔[178]。在低压阶段，甲烷分子随机地吸附到上述两种有机质的孔隙中，此时的甲烷吸附量较低，并且富放射虫页岩与无放射虫页岩间甲烷吸附量差异较小；但随着压力的增大，在高压阶段，与放射虫化石共生的有机质对甲烷分子的吸附能力大于孤立状有机质，这就导致了甲烷分子在富放射虫页岩的孔隙中密集分布。

为了阐明富放射虫页岩的甲烷吸附机理，以下对两种可能的解释进行讨论。首先要讨论的是页岩孔隙结构特征，特别是比表面积和孔径分布，这两个孔隙结构参数被认为是影响页岩甲烷吸附能力的重要因素[177, 179]。富放射虫页

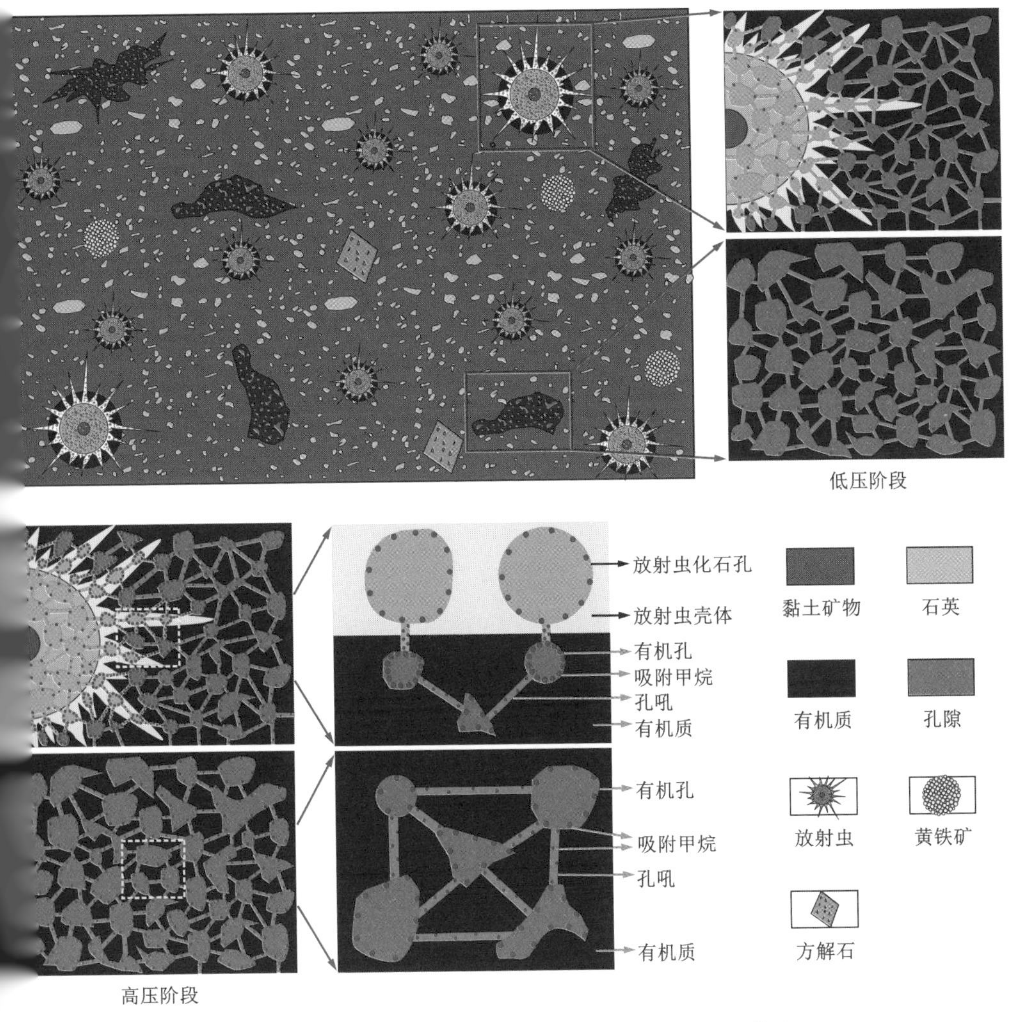

图 5-6　富放射虫页岩在低压和高压段的甲烷吸附模式

岩和无放射虫页岩的孔径大小分布与孔体积和比表面积的相关性如图 5-7 所示，相关孔隙结构参数由 CO_2 和 N_2 吸附测定。通过 DFT 模型计算出两类页岩样品的微孔大小分布，结果均表现为多峰分布模式，并且富放射虫页岩的微孔体积大于无放射虫页岩[图 5-7(a)]，同样地，富放射虫页岩的微孔比表面积也大于无放射虫页岩[5.7(b)]，这表明富放射虫页岩比无放射虫页岩更有利于甲烷吸附。此外，介孔和部分宏孔的孔径分布亦为多峰分布模式[图 5-7(c)]，值得注意的是，富放射虫页岩的孔体积在 14.76~27.27 nm 和 37.06~136.68 nm

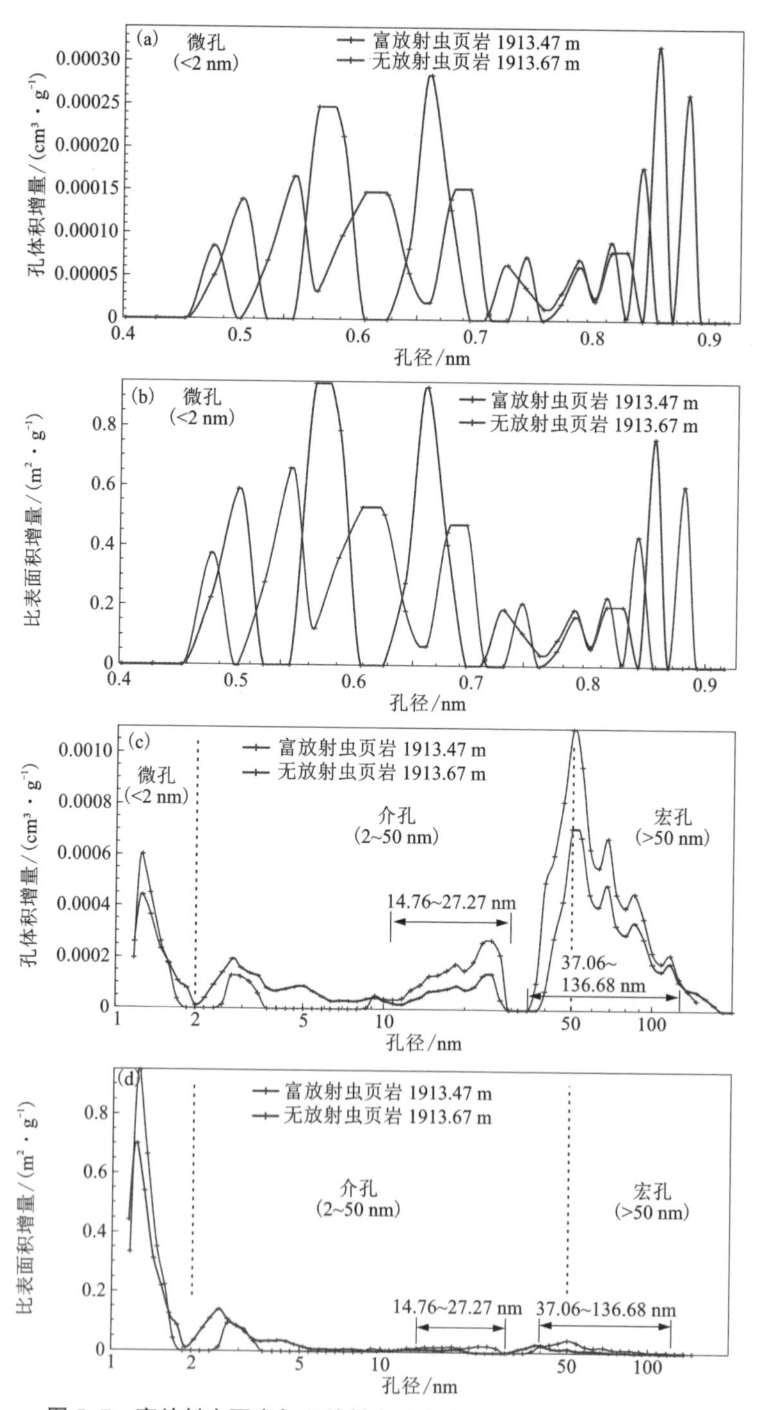

图 5-7　富放射虫页岩与无放射虫页岩的孔体积与比表面积增量

时明显具有更大的孔体积，这可能是由于放射虫化石中的介孔和宏孔型化石孔隙导致的结果。从表 4-2 中可知，富放射虫页岩(1913.47 m)和无放射虫页岩(1913.67 m)的比表面积分别为 15.01 m^2/g 和 13.19 m^2/g；同时，富放射虫页岩在 14.76~27.27 nm 和 37.06~136.68 nm 时的孔隙比表面积为 0.45 m^2/g，而无放射虫页岩在此孔径范围的比表面积为 0.25 m^2/g[图 5-7(d)]。以上结果表明富放射虫页岩的比表面积大于无放射虫页岩，进一步可理解为除了有机孔等微孔可为甲烷分子提供吸附点位外，化石孔壁与甲烷分子之间也存在一定的相互作用力(范德华力)。即存在一些甲烷分子会在化石孔隙周围聚集形成吸附相(图 5-8)，换言之，放射虫的化石孔隙不仅增加了页岩孔隙体积，为游离气提供了重要储存空间，还在一定程度上增加了页岩比表面积，为甲烷分子在化石孔壁附近的吸附作用提供了一定的吸附点位。

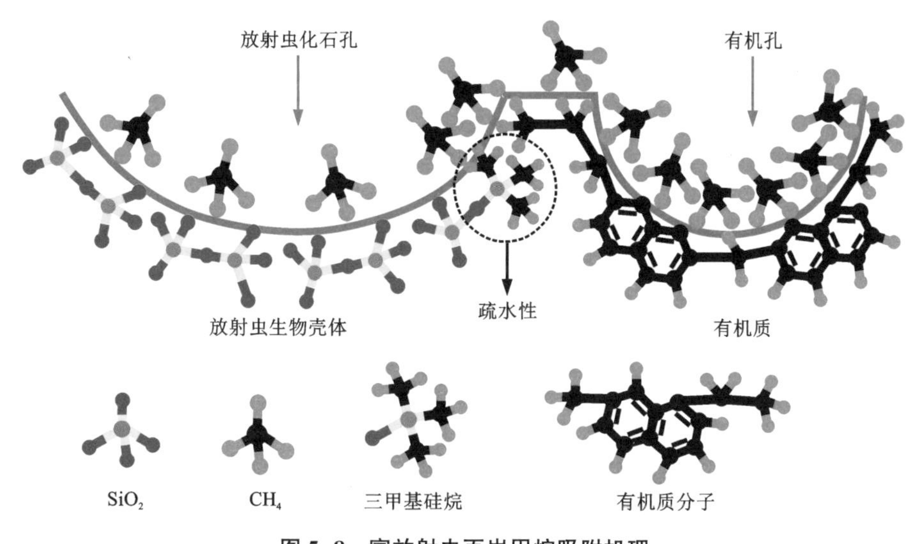

图 5-8　富放射虫页岩甲烷吸附机理

另外，富有机质页岩中的放射虫化石并非是孤立存在的微体化石，常常与有机质共生。如 4.5 节中提到的，化石孔隙可与有机孔隙在三维空间上相互连通，形成新的有机-无机复合孔隙网络。从更微观的角度来看，放射虫化石壳体上的无定形二氧化硅很可能会与包裹着的有机质分子结合形成一种新的官能团，即三甲基硅烷[180][$—Si(CH_3)_3$]，特别是会在形成有机-无机复合孔隙的生物硅质壳体与有机质接触处形成三甲基硅烷(图 5-8)，该官能团在材料学中已被证实存在，并且其具有显著的疏水特性。随着样品中三甲基硅烷含量的增加，水分子的接触角亦呈增大的趋势，有报道称当该官能团的含量超过50%时，水分子的接触角甚至可以超过90°[180, 181]，也就是说可以有效地阻碍水分子占据有机质的吸附空间或吸附点位。进一步可理解为，甲烷分子与包裹着放射虫的有机质间相互作用力要大于甲烷与孤立状有机质的相互作用力，这一认识与上述热力学研究中富放射虫页岩具有较高 Q_{st} 相一致。此前关于页岩甲烷吸附的研究多聚焦在有机质的类型、含量及分布等特征，并认为有机质是影响甲烷吸附量的决定性因素[59, 66, 67]，往往容易忽略页岩中分布的水分子会占据大量吸附点位这一事实。在本次研究中，我们提出的有机-无机界面(有机孔与放射虫化石孔接触处)中形成的具有疏水特性的三甲基硅烷官能团这一新认识为研究页岩气吸附机理提供了新思路。

5.5 本章小结

在以上章节研究的基础上，本章挑选出两组具有代表性的富放射虫页岩与无放射虫页岩开展重量法高压甲烷等温吸附实验，并通过热力学参数的相关计算来表征两类页岩的甲烷吸附差异性。甲烷的吸附特征和热力学分析结果表明，在相似地质背景条件下，富放射虫页岩的甲烷绝对吸附量大于无放射虫页岩的甲烷绝对吸附量。研究认为放射虫化石与有机质的共生组合对甲烷具有更强的吸附作用，一方面是因为放射虫化石孔隙在一定程度上增加了页岩比表面积，为甲烷分子在化石孔壁附近的吸附作用提供了一定的吸附点位；另一方面，放射虫化石壳体上的无定形二氧化硅很可能会与包裹着的有机质分子结合形成具有疏水特性的三甲基硅烷，阻碍了水分子占据有机质的吸附空间或吸附点位，有利于甲烷分子的吸附作用，进而导致富放射虫页岩的甲烷吸附量高于无放射虫页岩。这表明富有机质页岩中保存的大量放射虫等微体化石是页岩气富集的重要标志，对天然气储层评价具有重要意义，不全面的评估或直接忽略可能低估了微体化石孔隙在页岩气储存和富集方面的潜力。

第 6 章
富硅质微体化石页岩的沉积环境

页岩是一类“自生自储”的非常规油气储层，既是烃源岩也是储集层，特别是在富有机质页岩中，其有机碳含量不仅决定着微观储层特征，更是控制着页岩的含气量。页岩气富集机理包括页岩气储集机理和有机质富集机理。以上章节的研究主要从定性和定量两个方面阐述了微体化石孔隙特征，并表征了富放射虫页岩与无放射虫页岩间孔隙结构差异，探讨了以放射虫为代表的化石孔隙对页岩气(吸附气和游离气)储集的重要影响。这均属于页岩“储”方面的特征，本章则重点关注页岩“生”方面的特征，即页岩作为一类重要的烃源岩，其生烃母质的富集机理是什么，特别是针对富硅质微体化石(放射虫和海绵骨针)页岩，其常常对应高 TOC 含量。富硅质微体化石页岩沉积过程中的古海洋环境(如氧化还原条件、初级生产力水平、水体滞留程度等)是否有利于有机质的积累，广泛发育的硅质微体生物与有机质富集又存在何种联系。为解决以上问题，本章以硅质微体化石富集层段为研究对象，通过岩石主/微量元素分析，明确富硅质微体化石页岩沉积的古海洋环境特征及硅质微体生物对有机质富集的影响，阐明有机质富集机理。

6.1　富硅质微体化石页岩的剖面特征

在 3.2 节中阐述了各类微体古生物对生烃母质的贡献，特别是在龙参 2 井和龙参 3 井中，硅质微体化石发育的层段常常对应的 TOC 含量较高。有研究指出古生代的有机质来源可能主要是疑源类，中-新生代的有机质来源主要是沟鞭藻类[127, 160]，更重要的是，不同地史时期放射虫分异度和丰度与世界特大型油田分布特征具有高度相似性(图 6-1)，说明了放射虫等硅质微体生物与油气产量的关系密切。以研究区内龙参 2 井和龙参 3 井中富硅质微体化石层段为研究对象，同时基于前人研究，收集并挑选出华南中上扬子地区其他含有硅质微体化石的剖面辅以说明，各剖面的具体位置见图 6-2。所有剖面均表现出相似的岩性组合和地层连续性(图 6-3)，并且包含丰富的硅质微体化石如放射虫和海绵骨针。在本研究的两口钻井剖面中，海绵骨针相对分散地分布在页岩中，丰度较低。与海绵骨针相比，放射虫化石则分布更密集，丰度较高，特别是在龙马溪组下段富有机质页岩中放射虫化石数量最多，在五峰组黑色页岩中有少量分布(图 6-3)。不难发现放射虫和海绵骨针化石丰富的页岩层位往往对应着高产气量和高 TOC 丰度(图 6-3)，即油气勘探中的甜点段，进一步强调了硅质微体化石富集层段的重要油气意义。

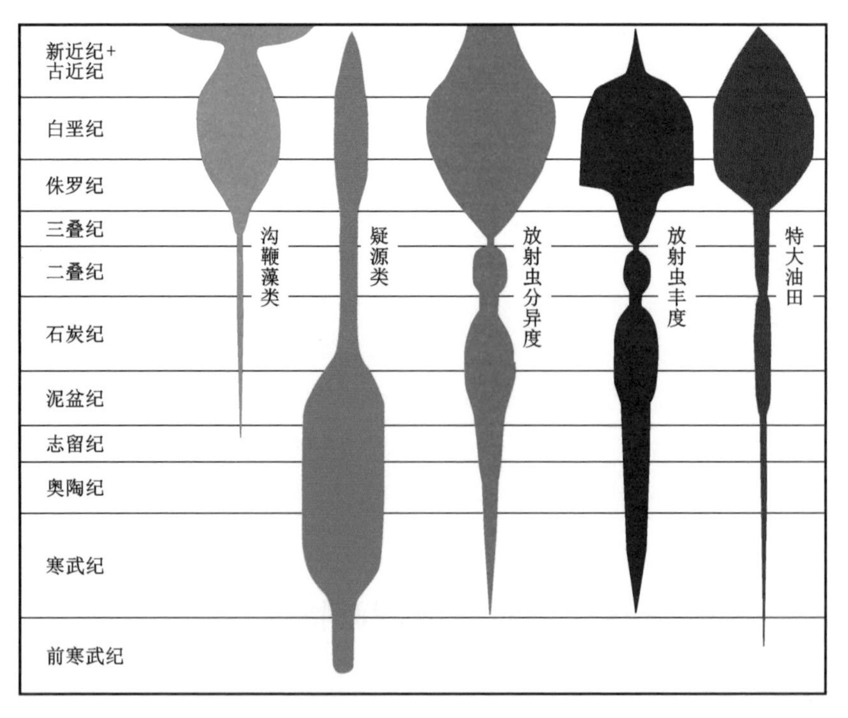

图 6-1　不同地史时期放射虫分异度及丰度与特大油田分布对比(修改自[127, 160])

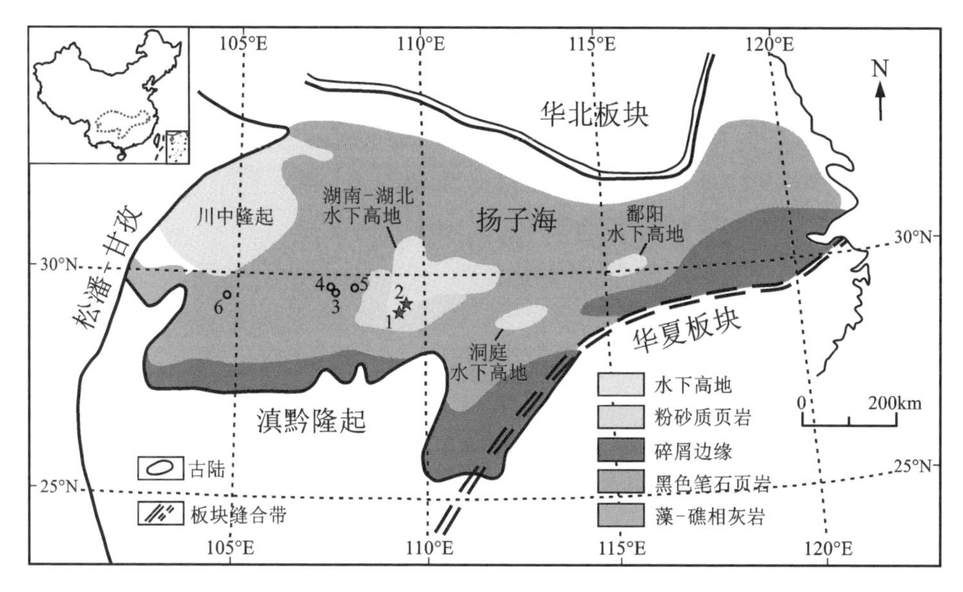

本研究的钻井剖面以红星标注，其他含有硅质微体化石的辅助剖面以圆圈标注。

图 6-2　华南克拉通凯迪期古地理图(修改自[182, 183])

6.2　指示沉积环境的各类指标

沉积岩中的微量元素能够反映古沉积环境特征，确切来说，应当是海洋背景下沉积物的微量元素组成，而非陆源碎屑组分中的微量元素[189, 190]。为了消除陆源碎屑组分对海洋沉积物中微量元素的稀释影响，学者提出用成岩过程中性质稳定且来源于陆源的 Al 元素来标准化页岩中各微量元素[191]。当然，为避免 Al 元素来源于富集或亏损的物源区而造成错误的标准化结果，首先需要明确沉积物中的 Al 是否与其他陆源碎屑成因的元素来源于同一物源区[190]。如图 6-4 所示，页岩中 Al 元素与碎屑成因的 Ti、Th 及 Sc 元素间均呈显著的正相关性，这说明页岩中 Al 元素与其他陆源碎屑成因的元素均来源于同一硅质碎屑源区。在后续分析中，我们将用 Al 元素来对各微量元素进行标准化处理以扣除陆源输入组分的影响。

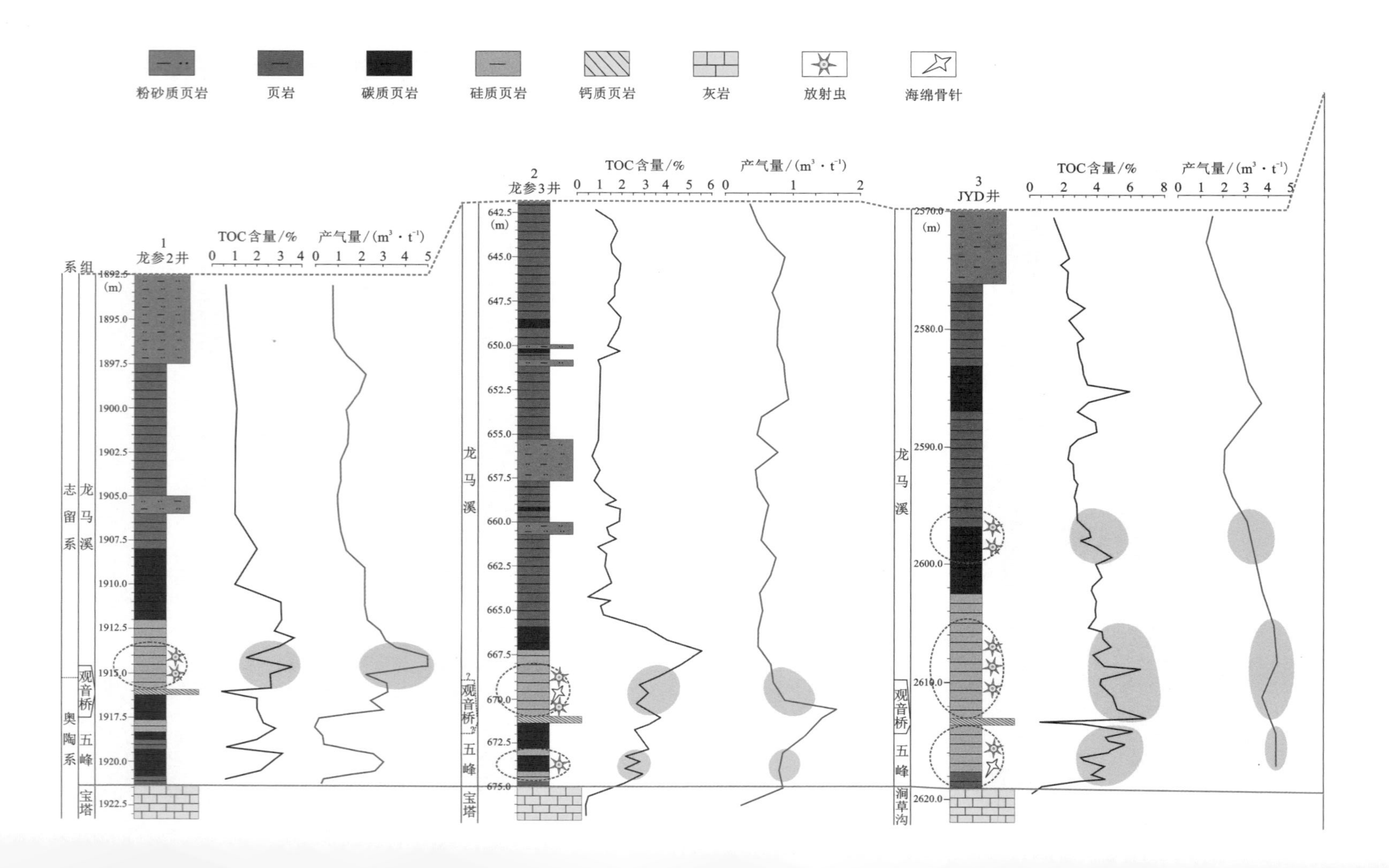

粉砂质页岩
页岩
碳质页岩
硅质页岩
钙质页岩
灰岩
放射虫
海绵骨针
系
组
1
龙参2井
TOC含量/%
产气量/(m³·t⁻¹)
(m)
志留系
龙马溪
观音桥
奥陶系
五峰
宝塔
2
龙参3井
3
JYD井
涧草沟

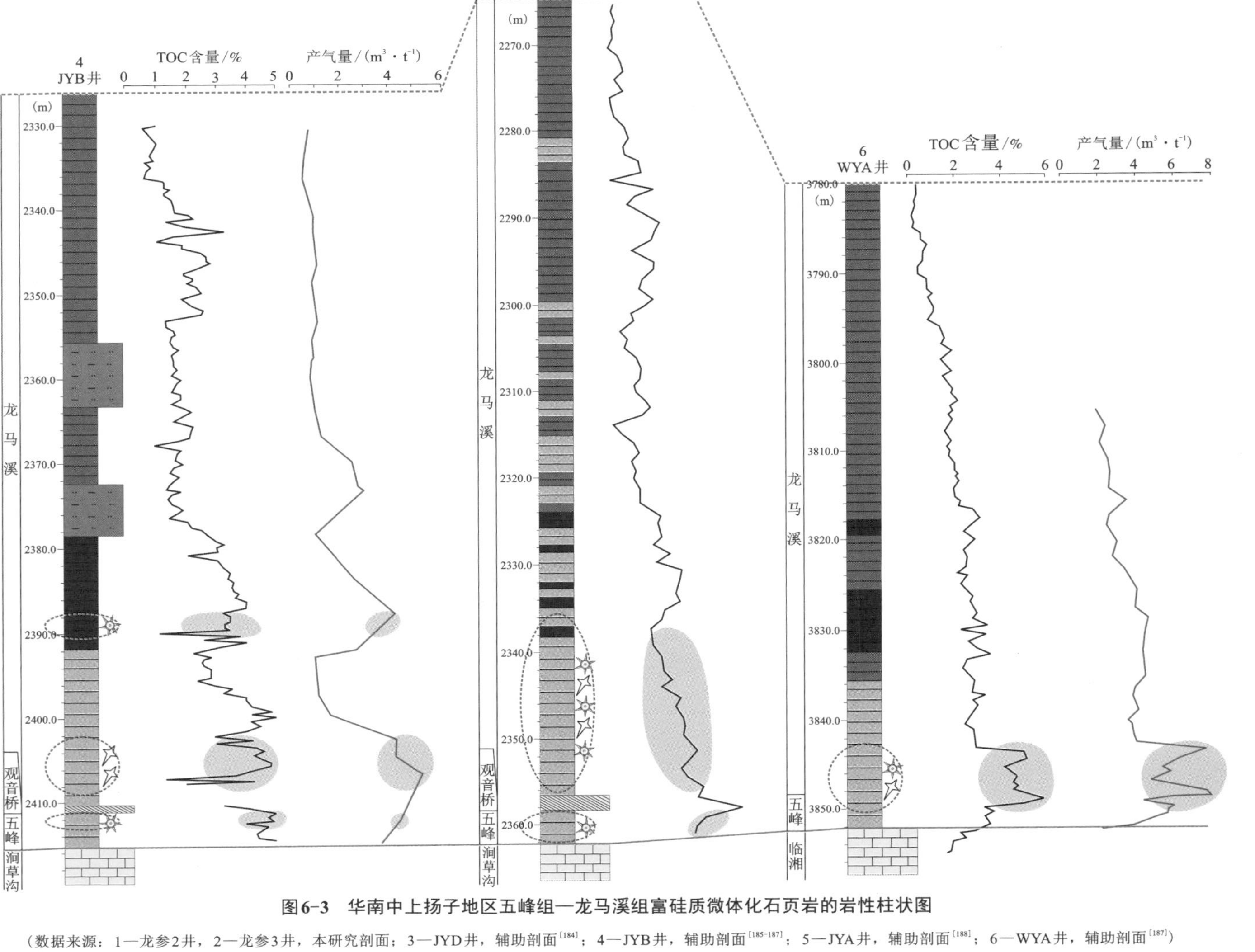

图6-3　华南中上扬子地区五峰组—龙马溪组富硅质微体化石页岩的岩性柱状图

（数据来源：1—龙参2井，2—龙参3井，本研究剖面；3—JYD井，辅助剖面[184]；4—JYB井，辅助剖面[185-187]；5—JYA井，辅助剖面[188]；6—WYA井，辅助剖面[187]）

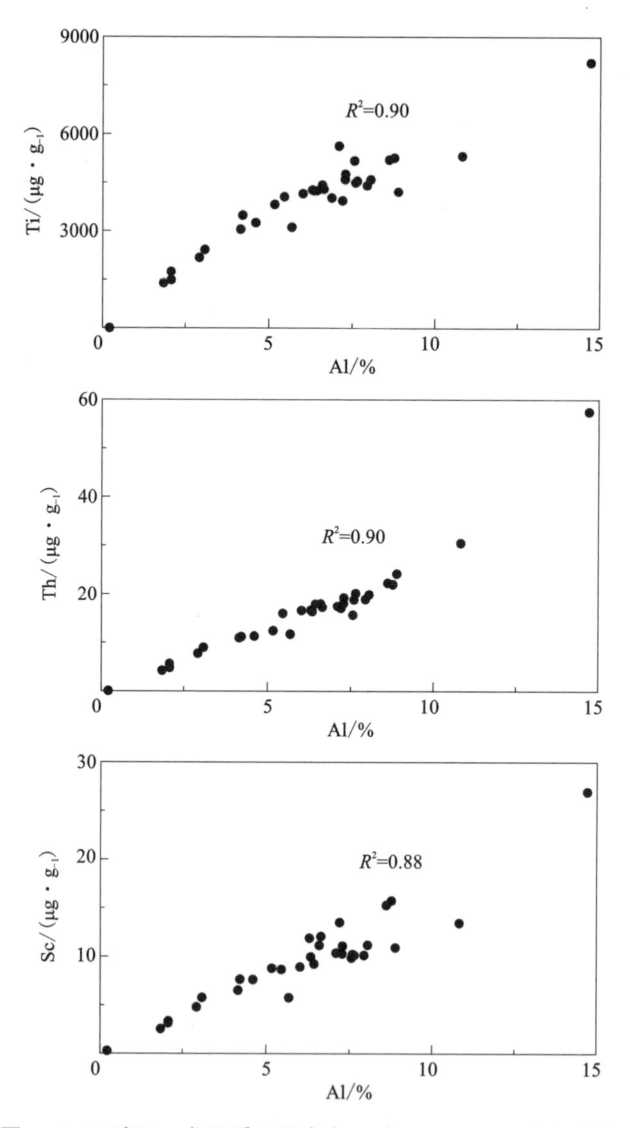

图 6-4　五峰组—龙马溪组页岩中 Al 与 Ti、Th、Sc 间相关性

常用元素过剩量及元素富集系数等参数来研究古海洋沉积环境特征。元素过剩量是指全岩中某一元素的总量减去陆源输入量后所得，常见的如过量硅(Si_{exc})，是一类古生产力指标，用来表示生物成因硅的含量[192]：

$$Si_{exc}=Si_{样品}-[Al_{样品}\times(Si/Al)_{PAAS}]$$

式中：$Si_{样品}$ 和 $Al_{样品}$ 分别为页岩样品中 Si 和 Al 的含量；PAAS(Post-Archean

Australian shale)为后太古宙澳大利亚页岩[193]；$(Si/Al)_{PAAS}$表示后太古宙澳大利亚页岩中 Si 与 Al 的比值。

元素富集系数(enrichment factor, EF)通常用来表示页岩中各微量元素的富集或亏损程度，是判断古海洋氧化还原条件的重要指标，计算公式如下：

$$X_{EF}=(X/Al)_{样品}/(X/Al)_{PAAS} \tag{6-2}$$

式中：X_{EF} 为元素 X 的富集系数；$(X/Al)_{样品}$为页岩样品中元素 X 与 Al 的比值；$(X/Al)_{PAAS}$ 为后太古宙澳大利亚页岩中元素 X 与 Al 的比值。若富集系数$(X_{EF})>10$，则表示元素 X 相对于平均页岩强烈富集，若 $X_{EF}>3$，则表示元素 X 相对于平均页岩呈可检测的富集，若 $X_{EF}<1$，则反映元素 X 相对于平均页岩亏损[194]。

沉积物中的磷(P)会受到水体氧化还原条件的影响，在缺氧还原环境中，P 易从沉积物中析出并进入表层海水中，导致缺氧环境中页岩的 P 含量较低。除了常见的氧化还原敏感微量元素外，C_{org}/P 比值也是示踪古海洋底水氧化还原条件的有效指标[195]，计算如下：

$$C_{org}/P=(TOC/12)/(P/30.97) \tag{6-3}$$

6.3　古海洋的氧化还原条件

古海洋的氧化还原环境是控制有机质保存与富集的重要因素之一，明确沉积盆地的古海洋氧化还原条件对有机质富集机理的认识必不可少。沉积物中的铀(U)、钼(Mo)、钒(V)、镍(Ni)和铬(Cr)等微量元素是可靠的氧化还原敏感元素[191, 196]。常见的氧化还原敏感元素比值如 V/Cr、V/(V+Ni)及 U/Th 是评估古海洋底水氧化还原条件的有效指标[197, 198]。前人研究表明对于缺氧(小于 0.2 mL/L O_2)、贫氧/亚氧化(0.2~2.0 mL/L O_2)及氧化(大于 2.0 mL/L O_2)条件，V/Cr 比值分别对应大于 4.25、2~4.25 及小于 2，V/(V+Ni)比值分别对应大于 0.5、0.57~0.45 及小于 0.45，U/Th 比值分别对应大于 1.25、0.75~1.25 及小于 0.75[194, 199]。此外，C_{org}/P 比值同样可以用来揭示底水的氧化还原条件，缺氧条件下氢氧化铁的还原溶解有利于有机碳的保存和沉积物中磷的释放。相反，在氧化条件下，有机碳会被氧化分解，而磷则会保留在沉积物中[195, 200]。通常，C_{org}/P 比值小于 50 代表氧化条件，50~100 代表贫氧/亚氧化条件，大于 100 则指示缺氧条件。为避免单一地化指标得出局限性认识，本研究将结合多个氧化还原条件判识参数如 V/Cr、V/(V+Ni)、U/Th 及 C_{org}/P 比值来明确富硅质微体化石页岩的古海洋底水氧化还原条件。

除了氧化还原敏感元素比值外，Mo 和 U 这两类氧化还原敏感元素在沉积物中的富集程度可用来反映海水的缺氧程度[201-203]。U 和 Mo 在氧化环境中以高价位状态存在，具有稳定的形式，如钼酸根离子 MoO_4^{2-}、碳酸铀酰根离子 $UO_2(CO_3)_3^{4-}$ 不易从水体中析出进入沉积物中[194, 204]。在缺氧还原或硫化环境中，二者则是以低价位不稳定状态存在，易从水体中析出并在沉积物中富集[205]。但二者的元素地球化学行为亦存在显著差异性，具体表现为：在三价铁和二价铁的氧化还原界面附近，元素 U 优先被还原成溶解性较弱的氟化铀化合物，从水柱中析出并沉淀到海底沉积物中[206]。不同于 U，沉积物中 Mo 的富集发生在缺氧硫化环境下(需要 H_2S 的存在)，化学性质稳定的 MoO_4^{2-} 转化高活性的硫代钼酸盐微粒($MoO_{4-x}S_x^{2-}$，$x=1\sim4$)，通过与铁-硫化物或有机质结合，快速从水柱中移除并进入沉积物中[207]。金属氢氧化物微粒的穿梭效应可加速 Mo 在沉积物中的累积，而 U 的自生富集受微粒穿梭效应的影响较小[208]；此外，元素 U 的富集发生在沉积物中，通过扩散作用实现，而 Mo 元素的富集则发生于水柱中，因此，相对于 U 元素，沉积物中的 Mo 含量显著受水柱中溶解态 Mo 的可得性控制。古海洋底水的氧化还原条件还可通过 Mo 和 U 的不同地球化学行为和沉积机制来识别。

对比氧化还原条件判识指标，发现不同参数反映的沉积环境略有差异，但整体上龙参 2 井和龙参 3 井五峰组—龙马溪组的氧化还原指标表现出相似的趋势(图 6-5 插图拉页附后，表 6-1)。五峰组沉积时期底水的氧化还原条件在贫氧/亚氧化~缺氧之间波动，偶见氧化环境；高 V/Cr、V/(V+Ni)、U/Th 及 C_{org}/P 比值指示了龙马溪组下段页岩沉积在稳定的缺氧环境中；低比值的氧化还原指标反映了龙马溪组上段页岩沉积在氧化~贫氧/亚氧化的环境中。

龙参 2 井和龙参 3 井中富硅质微体化石页岩的 V/(V+Ni)、C_{org}/P 和 V/Cr 比值分别为 0.61~0.84(平均 0.73)、132.95~699.91(平均 330.30)和 1.87~11.15(平均 6.39，表 6-1)，指示了放射虫和海绵骨针等硅质微体化石主要沉积在缺氧还原的环境中，偶尔也沉积在贫氧/亚氧化条件下。为进一步查明富硅质微体化石页岩沉积时水体氧化还原条件，在总结前人研究工作的基础上，

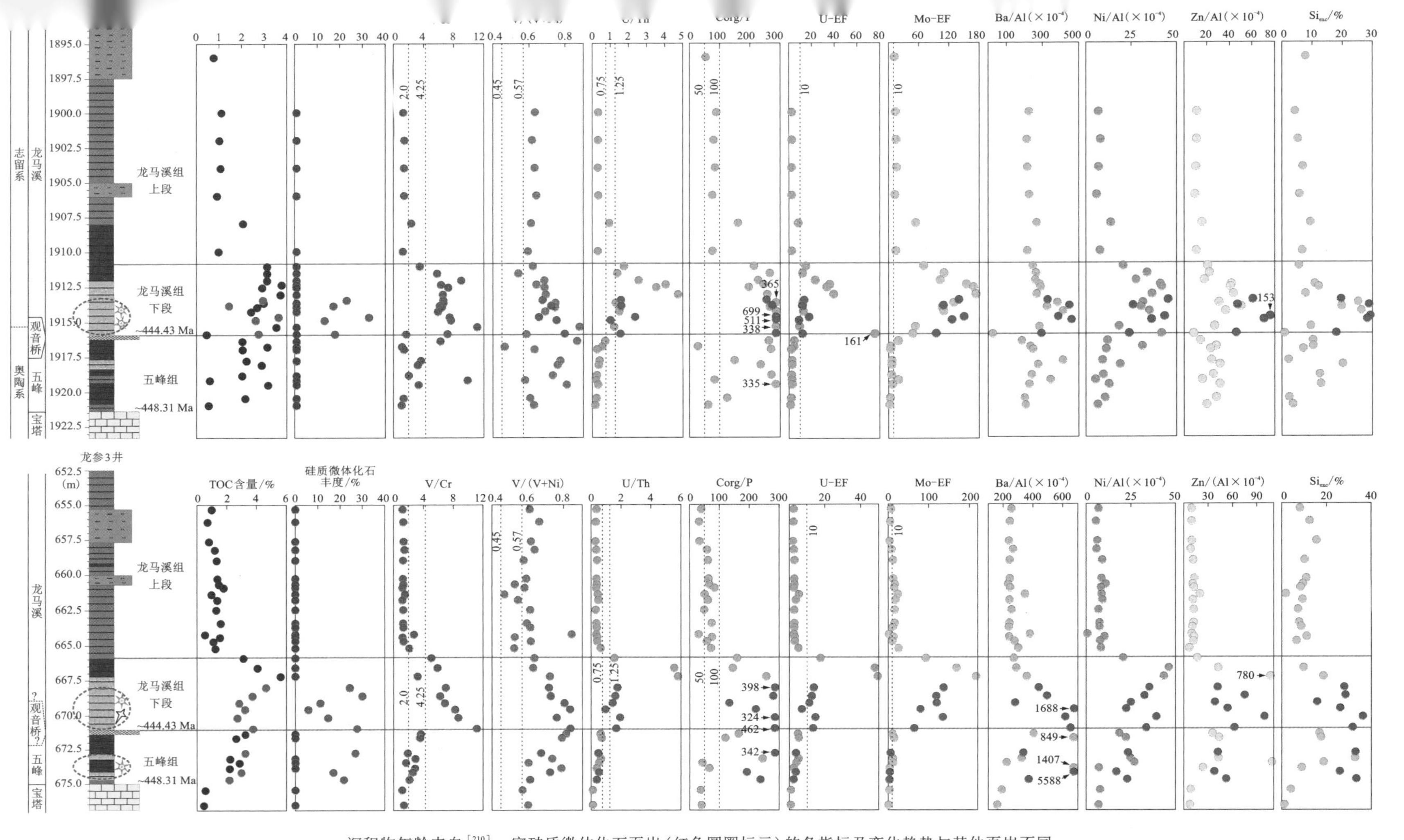

沉积物年龄来自[210]，富硅质微体化石页岩（红色圆圈标示）的各指标及变化趋势与其他页岩不同。

图6-5 龙参2井和龙参3井的氧化还原指标与古生产力指标

绘制了富硅质微体化石页岩的氧化还原指标交会图(图 6-6)。各类氧化还原敏感元素比值如 V/(V+Ni)、C_{org}/P 和 V/Cr 均显示出相似的氧化还原条件，并且相互印证，即以缺氧条件为主，伴有贫氧/亚氧化环境。有研究指出海绵作为典型的底栖生物，仅仅需要低含量的氧便足以支撑生命活动[209]。上述贫氧/亚氧化的底水条件很可能与海绵骨针的原位埋藏有关。此外，富硅质微体化石页岩中 Mo_{EF} 和 U_{EF} 明显高于五峰组和龙马溪组上段(图 6-5)，表明了富硅质微体化石页岩中 Mo 和 U 的强烈富集。值得注意的是大多数富硅质微体化石页岩的 Mo_{EF} 值都高于 10，由于自生 Mo 的沉淀析出需要水体中有游离硫化氢的存在[208]，所以 Mo 的大量富集意味着大多数富硅质微体化石页岩的沉积环境是缺氧并伴有 H_2S 的存在。

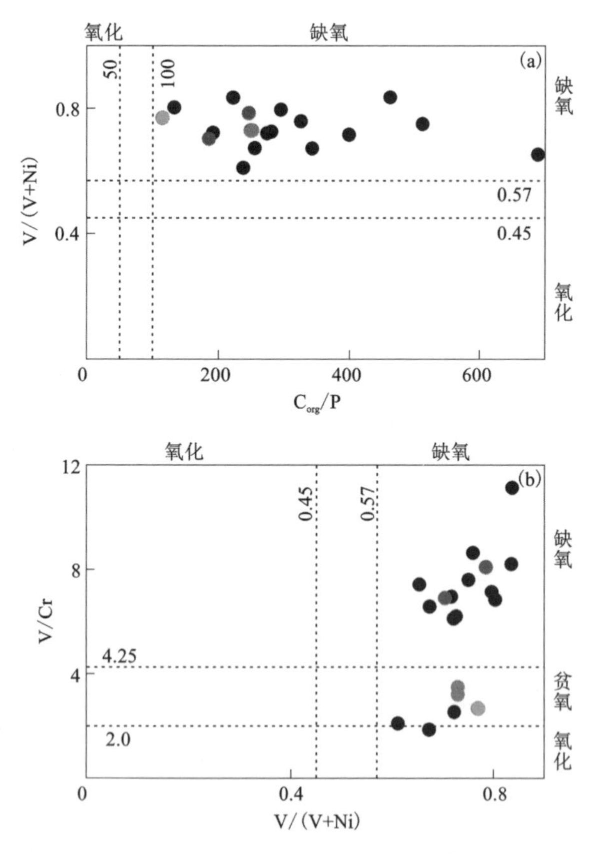

黑色代表本次研究的数据，其他颜色数据来自[38, 211, 212]。

图 6-6　富硅质微体化石页岩的氧化还原指标交会图

表 6-1　龙参 2 井和龙参 3 井主/微量元素地球化学指标

样品编号	深度/m	TOC含量/%	硅质微体化石丰度/%	V/Cr	V/(V+Ni)	U/Th	C_{org}/P	Mo/TOC/ ×10^{-4}	U_{EF}	Mo_{EF}	Ba/Al/ ×10^{-4}	Ni/Al/ ×10^{-4}	Zn/Al/ ×10^{-4}	Si_{exc}/%	Al/%	(Mn/%)×(Co/ppm①)	Cd/Mo
龙参 2-1	1896.00	0.76	—	—	—	—	53.62	9.21	—	10.18	—	—	—	7.76	6.88	—	—
龙参 2-2	1900.00	1.11	0	1.30	0.63	0.33	89.15	9.91	2.60	13.67	225.37	6.79	11.19	4.32	8.05	0.58	0.0093
龙参 2-3	1902.00	1.02	0	1.45	0.62	0.32	79.44	10.78	2.60	15.11	213.90	7.93	11.05	5.26	7.28	1.11	0.0079
龙参 2-4	1904.00	1.07	0	1.39	0.63	0.31	84.56	11.21	2.48	15.80	216.85	6.92	10.38	6.92	7.59	0.55	0.0059
龙参 2-5	1906.00	0.91	0	1.39	0.64	0.33	75.55	10.99	2.56	12.59	227.41	5.81	9.51	5.79	7.94	0.78	0.0088
龙参 2-6	1908.00	2.07	—	2.36	0.61	0.94	160.59	16.91	8.43	54.40	268.20	13.58	15.64	9.42	6.43	0.80	0.0062
龙参 2-7	1910.00	0.98	0	1.24	0.59	0.31	76.23	11.22	2.61	14.39	216.59	7.66	10.67	6.69	7.64	1.48	0.0069
龙参 2-8	1911.07	3.13	0	3.48	0.62	1.75	213.21	16.29	14.95	69.98	246.80	20.37	20.65	5.60	7.29	0.48	0.0044
龙参 2-9	1911.57	3.13	0	5.77	0.54	1.38	265.44	31.31	12.12	110.31	264.33	33.73	22.21	—	8.88	0.97	0.0038
龙参 2-10	1912.07	3.13	0	8.99	0.68	2.56	226.50	35.46	23.30	102.60	260.87	27.55	17.80	—	10.82	0.57	0.0035
龙参 2-11	1912.37	3.77	0	6.30	0.64	4.05	245.23	24.67	36.06	154.69	284.78	41.05	41.54	10.85	6.01	0.54	0.0066
龙参 2-12	1912.57	2.91	0	7.25	0.68	3.53	195.96	31.62	33.43	168.65	290.19	41.78	40.62	12.14	5.45	0.87	0.0073
龙参 2-13	1913.07	3.72	0	6.53	0.69	4.73	257.24	29.84	39.52	175.21	268.19	36.46	43.34	7.77	6.34	0.49	0.0070
龙参 2-14	1913.47	2.94	23.05	6.59	0.67	1.58	254.43	19.73	13.45	139.59	328.09	45.28	60.62	19.52	4.16	3.89	0.0276
龙参 2-15	1913.67	2.98	0	6.61	0.74	1.30	365.97	13.42	12.25	129.61	382.23	31.43	30.68	25.22	3.09	0.18	0.0096
龙参 2-16	1913.87	1.44	17.10	6.13	0.72	1.60	273.20	13.89	11.96	109.01	448.08	25.92	46.92	30.02	1.83	0.14	0.0151
龙参 2-17	1913.97	2.69	0	6.42	0.74	1.55	265.83	16.73	13.33	106.78	324.98	30.49	49.97	19.74	4.21	0.25	0.0169
龙参 2-18	1914.28	2.42	0	5.88	0.69	1.48	326.31	13.22	12.78	109.58	413.07	35.04	36.48	26.30	2.92	1.33	0.0126

续表 6-1

样品编号	深度/m	TOC含量/%	硅质微体化石丰度/%	V/Cr	V/(V+Ni)	U/Th	C_{org}/P	Mo/TOC/×10^{-4}	U_{EF}	Mo_{EF}	Ba/Al/×10^{-4}	Ni/Al/×10^{-4}	Zn/Al/×10^{-4}	Si_{exc}/%	Al/%	(Mn/%)×(Co/ppm)	Cd/Mo
龙参 2-19	1914.68	3.63	32.90	7.43	0.65	2.36	699.91	8.54	17.83	149.89	386.51	43.38	153.37	30.43	2.07	0.85	0.0429
龙参 2-20	1914.90	2.62	13.19	7.61	0.75	1.00	511.84	9.92	8.85	126.03	460.10	36.18	70.48	28.24	2.06	1.20	0.0240
龙参 2-21	1915.38	3.54	0	11.11	0.88	1.21	338.52	10.73	9.60	53.56	283.47	18.16	26.87	9.56	7.09	0.24	0.0285
龙参 2-22	1915.88	2.75	17.74	7.15	0.80	1.55	294.36	17.82	12.07	94.85	293.84	23.75	45.81	17.94	5.17	0.38	0.0226
龙参 2-23	1915.90	0.45	0	1.67	0.58	—	—	2.22	161.32	48.11	24.98	41.73	8.43	0.89	0.21	0.04	0.0073
龙参 2-24	1916.40	2.04	0	6.21	0.87	0.71	262.51	5.39	4.77	19.37	185.66	11.78	14.26	10.25	5.68	1.08	0.0339
龙参 2-25	1916.80	3.14	0	1.12	0.46	0.55	27.60	0.96	4.60	4.52	233.80	31.13	28.16	10.33	6.64	8.37	0.0408
龙参 2-26	1917.00	2.05	0	1.37	0.63	0.27	269.66	1.46	2.10	4.17	248.71	11.11	23.18	7.08	7.20	1.02	0.0225
龙参 2-27	1917.80	2.22	0	3.64	0.77	0.40	148.99	2.25	2.69	6.61	412.70	9.12	24.12	2.22	7.56	2.54	0.0169
龙参 2-28	1918.10	2.89	—	3.20	0.76	0.35	235.31	1.04	2.80	6.52	276.70	18.80	31.59	20.17	4.60	0.30	0.0181
龙参 2-29	1918.85	2.03	0	2.02	0.73	0.25	271.25	1.97	2.25	6.07	241.51	9.54	25.68	12.56	6.59	0.40	0.0327
龙参 2-30	1919.20	0.59	0	9.85	0.58	0.21	82.76	49.15	2.64	19.72	345.04	5.26	16.07	—	14.71	1.71	0.0086
龙参 2-31	1919.53	3.17	0	3.33	0.81	0.33	335.08	1.58	2.81	7.95	228.59	12.70	31.56	12.93	6.29	0.57	0.0450
龙参 2-32	1920.50	2.17	0	1.34	0.61	0.24	124.35	1.38	1.99	3.48	202.21	10.52	28.49	2.46	8.61	0.79	0.0155
龙参 2-33	1921.00	0.54	0	1.08	0.63	0.17	62.19	3.70	1.39	2.28	207.62	6.50	20.05	3.65	8.77	0.69	0.0241
龙参 3-1	655.34	0.99	0	1.19	0.61	0.36	39.33	5.41	2.50	6.90	254.77	6.88	9.70	8.14	7.74	0.51	0.0580
龙参 3-2	656.24	0.71	0	1.29	0.66	0.32	32.18	4.01	2.38	5.08	244.14	5.45	9.72	12.44	5.61	0.78	0.0750
龙参 3-3	657.64	0.81	0	1.33	0.62	0.30	33.56	2.77	2.15	3.71	238.04	6.26	9.99	15.52	6.01	0.81	0.1270

续表 6-1

样品编号	深度/m	TOC含量/%	硅质微体化石丰度/%	V/Cr	V/(V+Ni)	U/Th	C_{org}/P	Mo/TOC/$\times10^{-4}$	U_{EF}	Mo_{EF}	Ba/Al/$\times10^{-4}$	Ni/Al/$\times10^{-4}$	Zn/Al/$\times10^{-4}$	Si_{exc}/%	Al/%	(Mn/%)×(Co/ppm)	Cd/Mo
龙参3-4	658.24	1.20	0	1.45	0.64	0.35	58.37	7.03	2.63	8.59	266.27	5.79	8.50	—	9.82	0.20	0.0400
龙参3-5	659.00	1.32	0	1.26	0.58	0.40	61.62	6.44	2.95	11.94	243.02	8.93	11.58	10.27	7.12	0.77	0.0210
龙参3-6	660.30	1.37	0	1.25	0.59	0.36	63.65	6.32	2.82	12.64	244.10	8.52	13.06	10.96	6.85	0.68	0.0250
龙参3-7	660.70	1.47	0	1.30	0.53	0.38	66.52	7.97	2.88	16.44	231.74	10.91	10.91	9.51	7.12	0.73	0.0150
龙参3-8	660.94	1.79	0	1.18	0.58	0.35	83.30	6.11	2.61	14.83	246.38	8.26	12.41	8.39	7.37	0.70	0.0200
龙参3-9	661.40	0.97	0	1.53	0.47	0.44	50.70	17.78	5.40	23.45	345.57	8.60	19.83	1.86	7.38	0.33	0.0270
龙参3-10	661.80	1.36	0	1.18	0.54	0.48	61.27	9.31	3.69	17.78	241.36	9.07	11.13	9.25	7.12	0.51	0.0150
龙参3-11	662.50	1.29	0	1.29	0.61	0.31	49.33	9.28	2.74	15.67	255.03	6.79	12.23	7.33	7.64	0.62	0.0210
龙参3-12	663.44	1.59	0	1.26	0.59	0.36	74.11	7.54	2.82	15.76	240.94	7.41	12.17	7.83	7.61	0.53	0.0200
龙参3-13	663.74	—	0	1.30	0.61	0.37	—	—	2.82	11.46	237.15	7.45	10.58	8.70	6.94	0.48	0.0200
龙参3-14	664.24	0.54	0	2.72	0.84	0.35	30.42	5.11	2.60	1.88	379.27	0.68	9.78	—	14.58	0.08	0.1620
龙参3-15	664.44	1.54	0	1.19	0.53	0.40	75.21	5.86	3.05	13.00	239.32	10.21	12.53	11.15	6.94	0.99	0.0230
龙参3-16	664.74	1.10	0	1.32	0.62	0.41	57.93	5.17	3.11	9.99	275.80	7.69	11.90	6.61	5.69	2.60	0.0300
龙参3-17	665.24	1.23	0	2.08	0.52	0.63	71.80	20.43	5.07	25.43	300.22	8.16	6.70	—	9.88	0.50	0.0130
龙参3-18	665.94	3.12	0	5.05	0.64	1.55	159.21	25.74	17.55	92.83	270.46	20.55	16.31	—	8.65	0.52	0.0100
龙参3-19	666.64	4.07	0	5.88	0.63	5.65	145.04	26.80	47.84	168.32	287.16	46.26	42.41	9.73	6.48	1.12	0.0230
龙参3-20	667.24	5.61	0	3.20	0.72	5.98	256.63	19.30	49.45	228.42	357.51	43.46	780.03	18.61	4.74	0.31	0.5920
龙参3-21	668.04	4.64	24.27	6.97	0.72	1.75	398.63	8.16	13.83	136.34	438.48	35.31	41.61	27.87	2.78	0.20	0.0600

续表 6-1

样品编号	深度/m	TOC含量/%	硅质微体化石丰度/%	V/Cr	V/(V+Ni)	U/Th	C_{org}/P	Mo/TOC/×10^{-4}	U_{EF}	Mo_{EF}	Ba/Al/×10^{-4}	Ni/Al/×10^{-4}	Zn/Al/×10^{-4}	Si_{exc}/%	Al/%	(Mn/%)×(Co/ppm)	Cd/Mo
龙参 3-22	668.64	3.73	30.01	6.21	0.73	1.60	279.84	9.82	12.66	118.30	494.32	32.52	74.75	28.44	3.10	0.17	0.1120
龙参 3-23	669.14	2.83	11.13	6.85	0.80	1.43	132.95	24.89	11.20	119.42	278.37	24.88	38.19	15.77	5.90	0.31	0.0660
龙参 3-24	669.60	3.23	5.78	8.21	0.83	0.94	221.55	8.99	7.00	79.22	1688.35	22.26	53.78	26.10	3.67	0.15	0.1410
龙参 3-25	670.20	2.70	14.59	8.64	0.76	1.92	324.84	8.39	14.71	134.55	616.45	39.30	99.21	36.20	1.68	0.22	0.1580
龙参 3-26	671.00	3.77	27.57	11.15	0.84	1.66	462.03	4.24	13.39	63.76	651.21	33.50	62.25	31.63	2.51	0.24	0.2990
龙参 3-27	671.40	3.25	0	3.64	0.81	0.63	164.85	1.79	4.84	10.34	403.71	18.45	35.35	16.86	5.62	0.72	0.2150
龙参 3-28	671.70	2.62	0	3.55	0.79	0.71	120.13	2.64	5.27	14.36	849.47	22.13	43.36	17.53	4.81	0.16	0.2320
龙参 3-29	672.80	3.25	26.85	1.87	0.67	0.47	342.31	0.40	3.67	5.69	333.97	23.25	41.78	32.91	2.26	0.20	0.1160
龙参 3-30	673.20	2.22	0	2.92	0.74	0.66	244.71	1.03	5.18	11.37	322.78	24.64	42.60	32.72	2.01	0.48	0.2080
龙参 3-31	673.50	2.85	0	1.65	0.60	0.53	42.86	1.93	3.99	12.08	222.07	26.84	109.34	18.68	4.55	0.29	0.0950
龙参 3-32	673.90	2.19	0	2.86	0.79	0.37	66.55	1.04	2.42	3.43	1406.69	7.00	23.62	8.95	6.64	0.56	0.1690
龙参 3-33	674.20	2.98	16.92	2.54	0.72	0.50	191.32	0.40	3.55	3.63	5588.45	16.76	37.43	25.92	3.27	0.29	0.1870
龙参 3-34	674.74	2.17	21.64	2.11	0.61	0.36	236.99	0.30	2.39	2.94	370.07	22.83	52.02	33.29	2.23	0.67	0.1670
龙参 3-35	675.50	0.56	0	1.13	0.57	0.11	37.03	1.32	0.88	3.02	189.63	7.73	8.66	4.06	2.46	2.74	0.1540
龙参 3-36	676.60	0.46	0	1.36	0.60	0.12	40.39	1.25	0.89	0.82	159.35	6.89	7.59	0.05	7.11	1.20	0.1160

①：1 ppm=10^{-6}。

6.3　水体滞留程度

沉积盆地中水体的滞留程度同样是影响有机质富集的重要因素[213]。水体滞留程度主要受海平面升降的影响，当海平面升高时，海水将高于盆地边缘障壁而减少沉积盆地水体滞留程度，反之下降的海平面则会加强水体滞留程度，进而影响局限海盆与开放海洋间的物质交换与沟通联系。除底水氧化还原条件外，Mo 和 U 的富集还会受到其他地质因素的影响，如水体滞留程度和 Fe-Mn 颗粒的穿梭效应[194]。缺氧硫化环境下沉积物中 Mo 含量可以有效反映盆地水体的开放程度(即水体交换速率)和海洋 Mo 库大小，通常用 Mo/TOC 来表示[204]。Mo-U 富集因子的协变关系同样可以用来指示盆地水体滞留程度。在相对开放的沉积盆地中，U 和 Mo 可得性均较高，二者通常具有较好相关性，然而，在局限滞留盆地中，Mo 的富集较 U 更为敏感。正是基于以上差异性，本研究通过 Mo/TOC 及 Mo-U 协变模式来查明富硅质微体化石页岩沉积时的水体滞留程度。

现代缺氧盆地如黑海(Black Sea)、弗拉姆瓦伦峡湾(Framvaren Fjord)、卡里亚科盆地(Cariaco Basin)和萨尼奇海湾(Saanich Inlet)的平均 Mo/TOC 比值分别为 4.5×10^{-4}、9×10^{-4}、25×10^{-4} 和 45×10^{-4}，反映了水体滞留程度由强变弱[204]。鉴于此，可以通过比较古海洋沉积的页岩与现代海盆沉积物之间的 Mo/TOC 值来评估古海洋水体的滞留程度。

五峰组页岩的 Mo/TOC 比值为 $0.96\times10^{-4}\sim5.39\times10^{-4}$(除了一个极高的 Mo/TOC 比值 49.15×10^{-4}，见表 6-1)，平均值为 2.01×10^{-4}，低于黑海的 Mo/TOC 比值(4.5×10^{-4})，反映了五峰组页岩沉积时的水体滞留程度高[图 6-7(a)]。龙马溪组下段页岩的 Mo/TOC 比值为 $10.73\times10^{-4}\sim35.46\times10^{-4}$，平均值为 22.70×10^{-4}，主要介于 Framvaren Fjord(约 9×10^{-4})和 Saanich Inlet(约 45×10^{-4})之间，表明龙马溪组下段页岩沉积时的水体滞留程度中等偏弱[图 6-7(a)]。龙马溪组上段页岩的 Mo/TOC 比值为 2.77×10^{-4} 至 20.44×10^{-4}，但该段页岩沉积在氧化~贫氧/亚氧化的环境中，因此不适合来评估水体的滞留程度。这是因为在氧化~贫氧/亚氧化的海水条件下，沉积物中 Mo 的累积会

受到限制，此时 Mo/TOC 比值能够反映海水的氧化还原条件，而不能指示水体的滞留程度[18]。

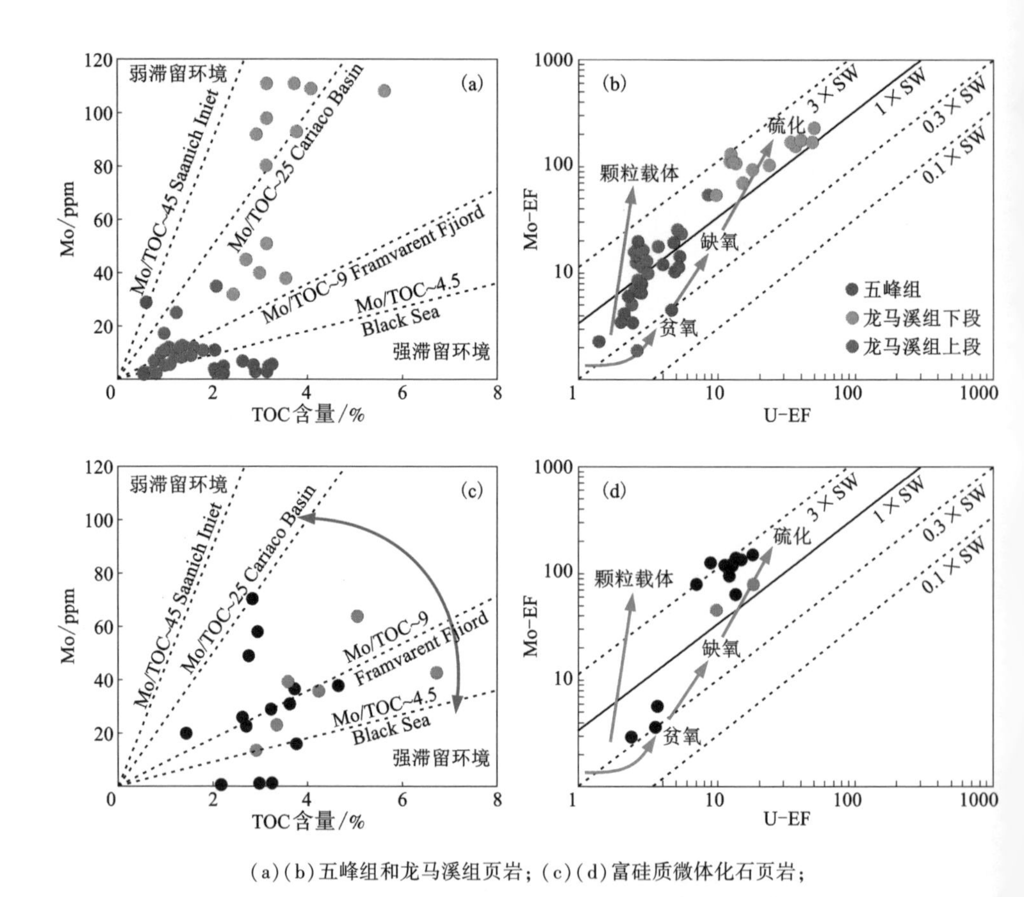

(a)(b)五峰组和龙马溪组页岩；(c)(d)富硅质微体化石页岩；

黑色代表本次研究的数据，其他颜色数据来自[184, 211, 214]。

图 6-7 Mo 与 TOC 及 Mo-U 富集因子的协变模式交会图[204, 208]

与其他页岩相比，富硅质微体化石页岩的 Mo/TOC 比值大多为 $4.24\times10^{-4}\sim24.89\times10^{-4}$[除了 3 个异常低值，其 Mo/TOC 比值分别为 0.40×10^{-4}、0.30×10^{-4} 和 0.40×10−4，见表 6−1、图 6−7(c)]，平均值为 12.22×10^{-4}，介于黑海(约 4.5×10^{-4})和卡里亚科盆地(约 25×10^{-4})之间。富硅质微体化石页岩的平均 Mo/TOC 比值高于五峰组页岩，但低于龙马溪组下段页岩，指示了富硅质微体化石页岩主要沉积在中等滞留水体的盆地中。

Mo−U 富集因子的协变模式可用来指示不同的沉积环境特征。在五峰组和

龙马溪组上段页岩中，Mo 的富集因子(Mo_{EF})和 U 的富集因子(U_{EF})均会随着氧化还原指标的增大而增加(图 6-8)，指示了该段页岩中自生 Mo 和 U 的富集主要受氧化还原条件的控制。然而在龙马溪组下段页岩中，Mo_{EF} 和 U_{EF} 受氧化还原条件的影响较小(图 6-8)，这说明该段页岩中 Mo 和 U 的富集主要受控于水体滞留程度和/或颗粒穿梭效应。

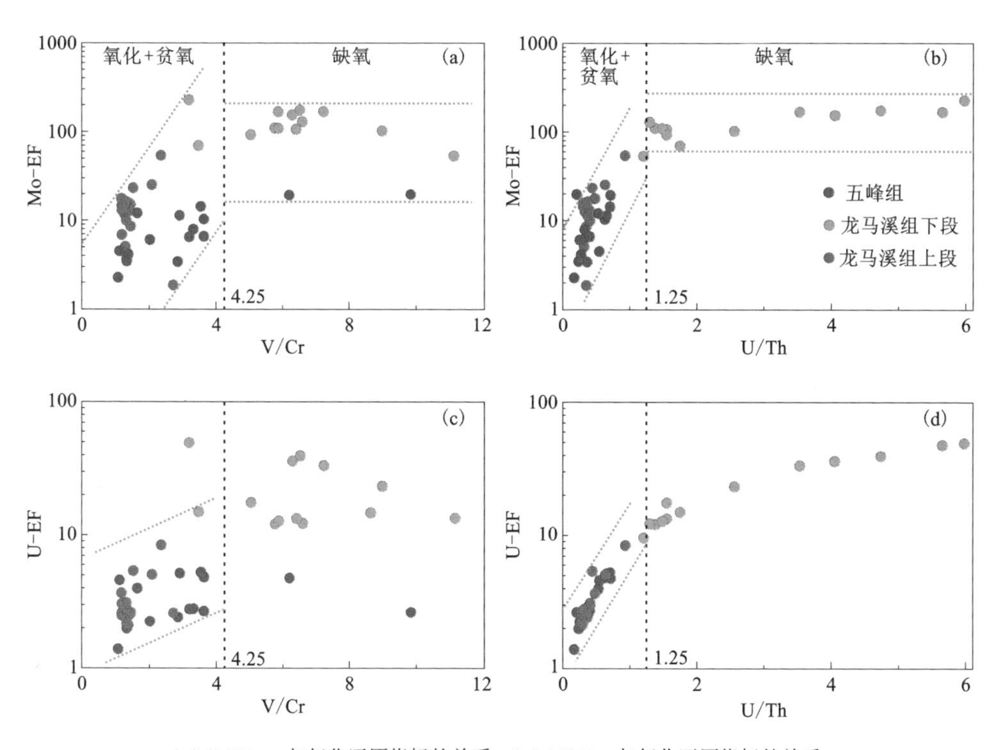

(a)(b)Mo_{EF} 与氧化还原指标的关系；(c)(d)U_{EF} 与氧化还原指标的关系。

图 6-8　五峰组和龙马溪组页岩中 Mo_{EF} 及 U_{EF} 与氧化还原指标间的相关性

龙马溪组下段页岩的 Mo_{EF}/U_{EF} 比值约为现代海水物质的量比值(现代海水中 Mo/U 的物质的量浓度比值为 1×SW，SW = 7.9)的 1～3 倍，同时存在高的 Mo 富集和高的 U 富集[图 6-7(b)]，大多数数据分布在 1×SW 线附近，反映了中等滞留程度的水体[18]。不同于龙马溪组下段页岩，富硅质微体化石页岩中 Mo 和 U 富集因子的贫氧-缺氧-硫化的变化指示了非滞留水体的环境[图 6-7(d)]。此外，大部分 Mo_{EF}/U_{EF} 比值接近 3×SW，这说明 Mo 的富集速率显著高于 U 的富集速率，可能暗示着局部水体与开放海洋之间存在良好的沟通。值得注意的是，有少量富硅质微体化石页岩的 Mo_{EF}/U_{EF} 比值大于 3×SW，这是弱滞留水体环境的特征，即化变层之上的 Mo 被 Fe-Mn(氢)氧化物微粒吸附，然后在化变层之下还原释放，导致沉积物中 Mo 的富集程度高于 U，进而表现为高的 Mo_{EF}/U_{EF} 比值。综合考虑 Mo/TOC 及 Mo-U 协变模式的结果，认为富硅质微体化石页岩主要沉积在中等偏弱的滞留水体环境中，沉积海盆的封闭性相对较差，很可能与开放海洋之间存在良好的沟通。

6.4 古生产力水平

古生产力水平会影响后期有机质的富集，是有机质富集的重要因素[215-217]。古生产力常常会受到地质历史时期的光照强度、海水温度与盐度、营养元素丰度及大气二氧化碳浓度等因素制约[219, 220]。为有效表征沉积海盆的古生产力情况，目前常用 Ba/Al、Ni/Al、Zn/Al 和过量硅(Si_{exc})等指标来描述古海洋生产力。

钡(Ba)在海洋沉积物中的埋藏量高，并且停留时间长，是评价古生产力水平常用的指标[220, 221]。海洋沉积物中的 Ba 包含陆源 Ba、生物 Ba 及碳酸盐中的 Ba，其中，生物来源 Ba 占绝大比例，主要以 $BaSO_4$(重晶石)的形式存在，其他形式的 Ba 则非常有限。为了消除陆源碎屑输入 Ba 的影响，本次研究用 Ba/Al 来描述古生产力水平[222, 223]。生物可利用的金属镍(Ni)和锌(Zn)在沉积过程中主要与有机物质结合，在沉积物中以有机金属配位体的形式出现[188, 224]。特别是在缺氧环境中，Ni 和 Zn 的含量与有机质的丰度密切相关[224]。因此，它们也是评估古生产力水平的有效指标。同样，为了扣除陆源碎屑输入的影响，本次研究使用 Ni/Al 和 Zn/Al 来表示古生产力水平。五峰组和龙马溪组页岩中广泛分布的硅质微体化石(如放射虫和海绵骨针)进一步证实了生物成因硅的存在[122, 184]，生物成因硅也是一种重要的古生产力指标[192]。碎屑沉积物中包含生物成因硅和碎屑来源硅，为了消除陆源碎屑硅质输入的影响，本次研究通过计算过量硅(Si_{exc})来近似生物成因硅进而描述古生产力水平[18, 184]。

龙参 2 井和龙参 3 井中五峰组和龙马溪组上段页岩均呈现出低的生产力指标(图 6-5)。相比之下，富硅质微体化石页岩中大多数古生产力指标高于五峰

组和上龙马溪组(图6-5，表6-1)，指示了富硅质微体化石页岩沉积时的高初级生产力水平。Khan等[184]在研究JY41-5井五峰组—龙马溪组页岩时，发现龙马溪组下部富放射虫页岩同样对应着高生物硅含量，并认为广泛分布的放射虫与藻类等初级生产力的繁盛有关，指出大量发育的放射虫指示着古海洋的高生产力，有利于有机质的富集并形成优质烃源岩。从古生物的角度来看，沉积物中保存的大量放射虫化石可能反映了古海洋表层水体富含丰富的营养物质，可支持大量浮游动物的生长发育。放射虫是一类单细胞浮游动物，能够以漂浮的形式生活在海洋表层水体中。因此，海底沉积物中丰富的放射虫化石可以提供有关古海洋表层水体的环境信息[225]。海洋浮游动物(如放射虫)属于食物链中的消费者[226]，而浮游藻类则是食物链中的初级生产者。从沉积物中保存的大量放射虫化石可以推断出古洋面表层的初级生产者十分繁盛，并且浮游藻类的丰度远远高于浮游动物数量，只有这样的生物/生态结构模式才能确保在沉积物中观察到丰富的放射虫化石。现代海洋研究同样表明在赤道太平洋地区随着叶绿素-a、硅藻和营养物质含量的增加，放射虫数量也会随之增加[227]。高丰度的浮游藻类意味着高速率的光合作用，相应的有机碳产量将会增加，这就是高初级生产力的具体表现。

高初级生产力往往对应着高营养物质供给量。奥陶—志留纪之交的扬子板块位于古赤道附近，属于低纬度地区，与高纬度地区温差大，由于信风造成的海洋分异，出现了大规模的赤道上升流[228]，并且华南扬子板块靠近古秦岭洋，容易在大陆边缘的斜坡区形成上升洋流环境[229]。大陆边缘斜坡区的沿岸上升流会将海底丰富的营养物质如生命必须元素N、P等带到海水表层，促进菌藻类等浮游水生生物繁盛，进而保证原始初级生产力。由于受到上升流的影响，沉积物中通常富集Cd和Mo，而元素Mn和Co含量则较低，常用高Cd/Mo比值(大于0.1)及低$Mn_{EF}\times Co_{EF}$值(小于0.5)或低Co×Mn值(小于0.4)来表征沿岸上升流[230]。上升流的相关地化指标分析表明，大多数富硅质微体化石页岩分布在上升流区域，而五峰组和龙马溪组上段页岩则主要位于滞留背景区域(图6-9)。这与上述Mo/TOC及Mo-U协变模式推断出的富硅质微体化石页岩沉积在中等偏弱滞留水体环境的认识相一致，即局部水体与开放海洋之间很可能存在联系[19]，来自开放海洋的富营养水体可以通过上升洋流的方式涌入扬子海中。随后富营养的表层水会促进浮游菌藻类等初级生产者的繁盛，进而提高初级生产力。总之，富硅质微体化石页岩沉积时的古生产力水平较高。

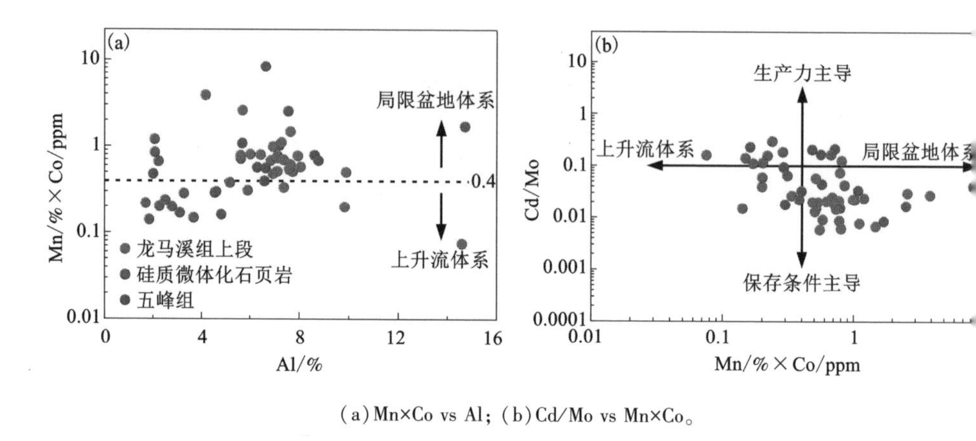

(a) Mn×Co vs Al; (b) Cd/Mo vs Mn×Co。

图 6-9　上升流地球化学指标交会图(关键阈值来自[230])

6.5　有机质富集意义

沉积物中有机质的丰度会受到多种因素的影响，如古气候、构造运动、海平面升降、水体氧化还原条件、初级生产力、陆源输入、沉积速率等多种因素均会影响有机质的丰度[231, 232]。其中控制有机质保存和富集的最重要因素是底水的氧化还原条件和海洋表层初级生产力，缺氧还原的底水条件和高初级生产力水平均有利于有机质的累积和富集[233]。如上述章节所述，富含放射虫/海绵骨针化石的页岩层位往往对应着高有机质丰度，本节将从以下三个方面进行讨论：

第一，缺氧还原环境是影响有机质保存的关键因素，水体环境中的含氧量将决定海底沉积物中的有机质是否能够保存。有研究表明缺氧的底水环境与世界各地形成的具有经济效益的黑色页岩关系密切[234]。上述各类氧化还原指标如 V/(V+Ni)、C_{org}/P、V/Cr 及 U/Th 均表明在富硅质微体化石页岩的沉积过程中，缺氧的底水条件十分普遍，这有利于有机质的保存。TOC 含量是有机质富集的直接证据，通过拟合 TOC 含量与氧化还原指标之间的交会图，发现二者呈正相关关系[图 6-10(a)~(d)]，随着底水缺氧还原程度的增加，TOC 含量呈增大趋势。

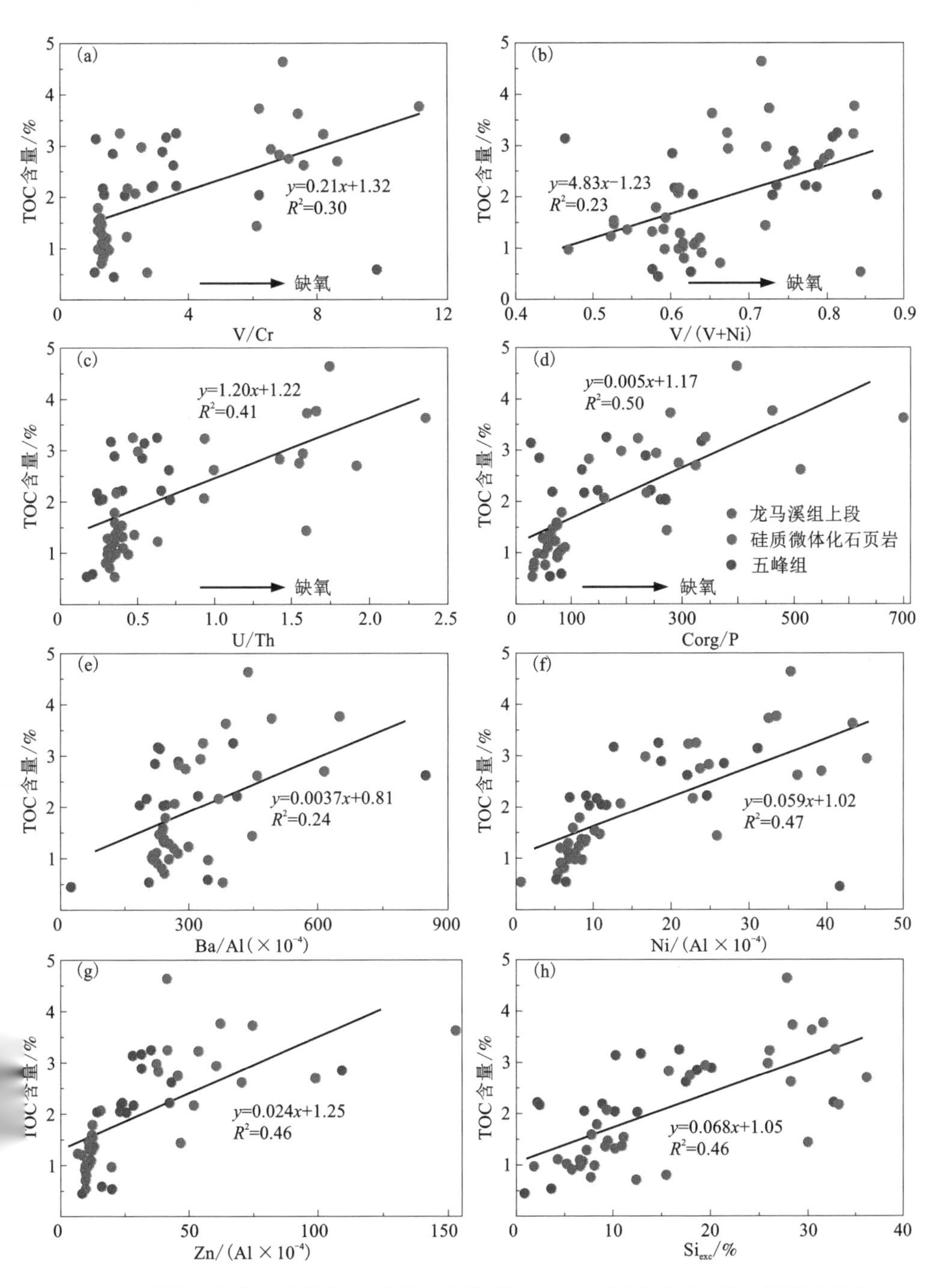

(a)~(d)五峰组、龙马溪组上段及富硅质微体化石页岩中 TOC 含量与氧化还原指标之间的相关性；(e)~(h)TOC 含量与古生产力指标之间的相关性。

图 6-10　有机质丰度与氧化还原指标及古生产力指标间的相关性

第二，除保存条件外，初级生产力是有机质富集的物质基础。多种初级生产力指标如 Ba/Al、Ni/Al、Zn/Al 及 Si_{exc} 均表明富硅质微体化石页岩是在高生产力水平条件下沉积。同时，TOC 含量也会随着初级生产力水平的提高而增加[图 6-10(e)~(h)]，高生产力指标常常对应高有机质丰度。高初级生产力是形成烃源岩的关键因素，一方面增加了沉积物中有机质的通量，另一方面在有机质沉降过程中会促进水体中溶解氧的消耗速率，加快底水缺氧还原环境的形成，最终导致有机质的累积和保存[184]。此外，还观察到硅质微体化石含量与 TOC 含量之间存在一定的正相关性(图 6-11)，表明了放射虫和海绵骨针可能会对有机质的富集作出贡献。现代海洋中放射虫化学成分研究表明，其脂质含量甚至高达 47%[160, 235]。南极海绵的主要化学成分是可溶性和不可溶性蛋白质，占比为 17.0%~55.9%，其中脂质含量可高达 9.6%[236]。脂质是一类重要的生烃组分，包括饱和烃和芳香烃。放射虫和海绵中的高脂质含量表明硅质微生物同样是重要的生烃母质，即高初级生产力水平和硅质微体生物的繁盛均意味着充足的生烃母质能够保障优质烃源岩的发育。

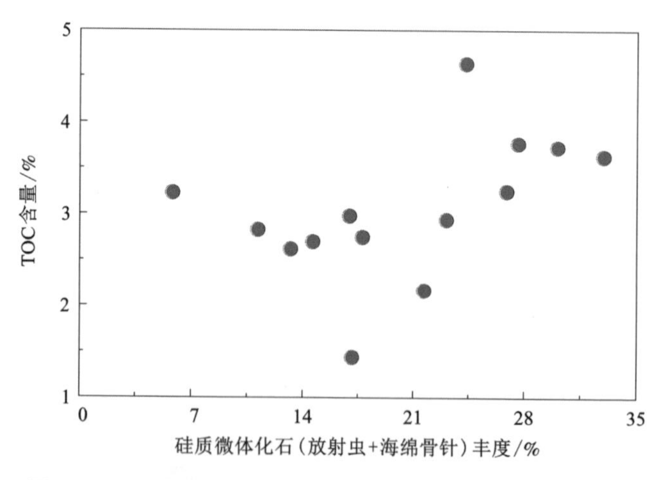

图 6-11　硅质微体化石丰度与 TOC 含量之间的相关性图解

第三，据报道放射虫发育的复杂伪足网络系统可以捕获海洋中浮游的微藻，一方面放射虫为浮游藻类提供寄居场所，另一方面藻类通过光合作用为放射虫提供营养物质，二者形成相互依赖的共生关系[158, 184, 237]。有研究指出与放射虫共生浮游藻的生烃潜力是周围海水中其他浮游藻类的 3 倍[127, 160]，这种

互利共生的生物组合可能也是页岩油气生成的重要母质来源。更重要的是，与放射虫共生的微藻由于其密度较大，可以更快地沉降到海底沉积物中以减少沉降过程中的氧化分解，这大大提高了有机质的埋藏效率[184]，进而使得有机质在富硅质微体化石页岩中大量累积和富集。

6.6　本章小结

富硅质微体化石页岩常常对应着高产气量和高 TOC 丰度，指示了硅质微体化石富集层段的重要油气意义。各类氧化还原指标研究表明富硅质微体化石页岩主要沉积在缺氧环境中，并伴有游离 H_2S 的存在，偶尔也会沉积在贫氧/亚氧化环境中；Mo/TOC 及 Mo-U 协变模式分析认为富硅质微体化石页岩沉积在中等偏弱滞留水体环境中，局部水体与开放海洋之间很可能存在联系；各种古生产力指标研究表明富硅质微体化石页岩沉积于生产力水平较高的时期。富硅质微体化石页岩中有机质的富集可归因于以下三点：①高初级生产力增加了沉积物中有机物的通量；②缺氧的底水条件有利于有机质的保存；③硅质微体生物的繁盛同样促进了有机质的埋藏和累积。

第 7 章 古海洋的氮循环

奥陶—志留纪过渡时期是显生宙“五次大灭绝”事件中的第一期(约 445 Ma),这一时期的海洋生态系统遭受了严重的生物多样性损失[238-240],有研究指出大约 26%的无脊椎动物群落和约 85%的海洋物种遭受灭绝[241, 242]。多种驱动机制如海洋缺氧事件[243, 244]、极端气候变化[182, 242]及火山喷发[245]等被认为与此次大灭绝事件密切相关。除了生物多样性的急剧丧失之外,古海洋环境也发生了重大变化,如海水的氧化还原条件和营养物质的供给循环一直是争论的焦点和研究的热点。

常见的地球化学指标如氧化还原敏感微量元素、铁组分及硫同位素组成等可用来明确海洋底水(bottom water)的氧化还原条件[244, 246-248],这也是目前多数研究古海洋氧化还原结构常用的方法。除底水氧化还原条件外,揭示古海洋表层水体的氧化还原条件对于重建整个古海洋的氧化还原结构演化是必不可少的。氮(N)是组成众多重要有机组分如蛋白质、氨基酸等必不可少的元素,作为生命必需的营养元素,在生命演化过程中发挥着重要作用[249]。自然界中氮有两种稳定同位素,分别是^{14}N(99.634‰)和^{15}N(0.366‰)。地球上的氮以多种价态形式存在,如氧化态的硝酸盐(NO_3^-,+5 价)、亚硝酸盐(NO_2^-,+3 价)、还原态的铵离子(NH_4^+,−3 价)及单质氮分子(N_2,0 价),含氮化合物在不同的氧化还原条件下会发生相互转化,进而产生同位素分馏效应。氮气是大气圈中氮的最主要赋存形式,占氮库 99%以上,沉积物中的氮同位素组成均是以大气中的氮气作为标准,氮气的氮同位素组成($\delta^{15}N$)约为 0‰[250]。

海洋中的固氮微生物如蓝细菌等通过固氮酶可将大气中的 N_2 转化为生物可利用的营养盐（NH_4^+）进入海水[251]，在地质历史时期中，除蓝细菌外，紫硫细菌和绿硫细菌等厌氧微生物同样具备固氮功能[252]。基于钼固氮酶的生物固氮作用产生的分馏较小（$\varepsilon \approx +1‰ \sim +3‰$[253]）甚至不发生分馏（$\varepsilon \approx 0‰$）。由于生物固氮作用需要较大的能量来克服 N_2 分子间共价键，因此只有当海水中的含氮营养盐（NH_4^+、NO_3^- 等）被消耗殆尽时，生物固氮作用才会发生。当生物体死亡后，体内合成的有机氮一部分会沉降到海底沉积物中并保存下来，另一部分则会通过再矿化作用形成 NH_4^+，此过程几乎不发生分馏[254]。若表层水体中的含氧量较高，在微生物介导作用下，NH_4^+ 会通过硝化作用形成 NO_2^-、NO_3^-。若硝化作用进行完全，通常不会产生净分馏效应[255]。随着水深加大，在氧化还原界面附近易发生反硝化作用和厌氧氨氧化作用，反硝化作用是指海水中溶解的（亚）硝酸根离子（NO_2^-、NO_3^-）经微生物介导在还原条件下生成 N_2O 或 N_2 的过程，不完全的反硝化作用产生的同位素分馏较大（$\varepsilon \approx +20‰ \sim +30‰$[256]）；厌氧氨氧化作用是指海水中溶解的 NH_4^+ 经微生物介导在缺氧还原条件下被 NO_2^- 氧化为 N_2 的过程，与反硝化作用过程相似，在海洋系统中很难区分二者间的差异。有学者指出厌氧氨氧化过程产生的同位素分馏与反硝化作用相近[257]。总之，海洋系统内的生物固氮作用、硝化作用、反硝化作用及厌氧氨氧化作用等共同控制着氮循环平衡。

海水中溶解的无机氮在氧化水体中以硝酸根离子（NO_3^-）的形式存在，而在缺氧水体中则以铵根离子（NH_4^+）的形式存在[258]，表层海水透光带内被浮游生物吸收的含氮营养盐的氮同位素组成特征最终会被记录在海底沉积物中[259]。正是基于此特征，近年来，有研究通过分析黑色页岩的氮同位素组成来重建奥陶—志留纪过渡时期的古海洋垂向（包括表层海水和底层海水）氧化还原结构的演化[260, 261]，明确了生物固氮作用是奥陶—志留纪过渡时期主要的氮循环模式。基于钼固氮酶的生物固氮作用形成的氮同位素组成为 $-2‰ \sim +1‰$，然而，低的氮同位素组成（$-2‰ \sim +1‰$）可能对应 4 种不同的水体氧化还原条件[262, 263]：（ⅰ）水体缺氧，硝化作用受到抑制，生物固氮作用是主要的氮源；（ⅱ）水体具有稳定的氧化还原分层结构，从表层海水硝化的营养盐在化变层（chemocline）附近进行完全反硝化作用；（ⅲ）水体完全氧化，固定的氮容易被硝化为硝酸盐，NO_3^- 的浓度很可能较高，并且 NO_3^- 的同位素组成与固定氮的同位素组成相同(-2‰~+1‰);(iv)类似于现代海洋中的寡营养区(oligotrophic areas),好氧氮循环盛行并且生物固氮是主要的氮源。上一章(第6章)的研究只是明确了古海洋底水的氧化还原条件,而不同沉积阶段古海洋表层水体的氧化还原条件尚不清楚,制约了古海洋垂向水体氧化还原条件演化的研究。

固氮蓝细菌(原核生物)是海洋中溶解无机氮的重要贡献者,可为浮游植物群落提供丰富的含氮营养盐[264, 265]。与固氮蓝细菌不同,真核浮游藻类是一类非固氮生物,主要依赖海水中溶解的无机氮盐如 NH_4^+ 和 NO_3^-[249, 266]。无论是固氮蓝细菌还是真核浮游藻类均是浮游植物群落的重要组成部分,同时也是重要的生烃母质,会受到氮循环和海洋环境变化的影响[267]。尽管有研究表明在奥陶—志留纪过渡时期的浮游植物群落结构发生了显著变化[268-270],但对不同氮循环模式下浮游植物群落结构的空间分布模式知之甚少,进而对生烃母质的相对贡献也尚不清楚。

理论上,海洋氮循环和相应的浮游生物群落组成可以被记录在海底沉积物中,脂质生物标志化合物则被认为是示踪微生物群落结构的有效地球化学指标[271, 272],与生物标志化合物的研究相结合,可以更有效地约束生物地球化学氮循环过程。因此,本章将通过高分辨率的氮同位素、有机碳同位素和生物标志化合物等地球化学手段来明确奥陶—志留纪过渡时期古海洋垂向水体的氧化还原条件演化及不同氮循环模式下浮游植物群落的组成,探索地质历史关键时期生物与环境间的协同演化规律并建立协同演化模型。

7.1 碳/氮同位素组成及生物标志化合物特征

龙参2井和龙参3井的地球化学数据包括有机碳同位素($\delta^{13}C_{org}$)、全岩氮同位素($\delta^{15}N_{bulk}$)、总氮含量(TN)及生物标志化合物比值参见表7-1。整体上,两个剖面的$\delta^{13}C_{org}$、$\delta^{15}N_{bulk}$、TN 和 C/N 摩尔比的变化趋势相似(图7-1)。根据识别的笔石生物带和$\delta^{15}N_{bulk}$变化,可将研究剖面的地层划分为4个层段,自下而上记为 Interval A、B、C 和 D(图7-1)。其中,Interval A 和 Interval C 分别代表晚奥陶世大灭绝之前的沉积和大灭绝之后的沉积。

两口钻井岩心的 TOC 含量变化趋势相似,从小于1.0%(Interval A)向上逐渐增大超过3.5%(Interval C)，随后又降低到约1.0%(Interval D)。页岩样品的有机碳同位素组成与前人测试结果分布范围一致，整体上，Interval D 的 $\delta^{13}C_{org}$ 值大于 Interval A-C(图7-1)。氮同位素组成在两个剖面的变化趋势一致，主要分布在-2‰~+1‰，其中，龙参2井的 $\delta^{15}N_{bulk}$ 平均值为0.43±0.27‰，龙参3井的 $\delta^{15}N_{bulk}$ 平均值为0.04±0.93‰。龙参2井的C/N物质的量比为1.88~67.12(平均30.01±14.09)，龙参3井的C/N物质的量比为3.10~51.37(平均29.51±13.41)(图7-1)，与华南中上扬子地区其他剖面报道的数据相一致[261, 273]。

表7-1 龙参2井和龙参3井全岩氮同位素、有机碳同位素及藿烷与甾烷比值

样品	深度/m	$\delta^{13}C_{org}$/‰	$\delta^{15}N_{bulk}$/‰	TN/%	TOC含量/%	Molar C/N	藿烷/甾烷
龙参2-1	1900.00	-29.63	1.16	0.0791	1.11	16.37	2.88
龙参2-2	1902.00	-29.88	0.63	0.0643	1.02	18.51	1.91
龙参2-3	1904.00	-29.68	0.78	0.0662	1.07	18.86	3.26
龙参2-4	1906.00	-29.76	0.42	0.0719	0.91	14.77	2.41
龙参2-5	1908.00	-30.90	0.10	0.0860	2.07	28.09	3.16
龙参2-6	1910.00	-29.45	0.59	0.0661	0.98	17.29	2.15
龙参2-7	1911.07	-31.11	0.15	0.1024	3.13	35.66	2.43
龙参2-8	1911.57	-31.41	0.18	0.1626	3.13	22.45	3.06
龙参2-9	1912.07	-31.30	0.50	0.1524	3.13	23.96	2.52
龙参2-10	1912.37	-31.17	0.11	0.1084	3.77	40.57	2.84
龙参2-11	1912.57	-31.18	0.21	0.1111	2.91	30.55	2.54
龙参2-12	1913.07	-30.78	0.19	0.1192	3.72	36.41	2.21
龙参2-13	1913.47	-30.77	0.57	0.0890	2.94	38.53	0.75
龙参2-14	1913.67	-31.06	0.39	0.0759	2.98	45.81	2.48
龙参2-15	1913.87	-30.79	0.48	0.0303	1.44	55.39	2.14
龙参2-16	1913.97	-31.09	0.19	0.0876	2.69	35.82	2.08
龙参2-17	1914.28	-31.04	0.53	0.0723	2.42	39.04	2.18
龙参2-18	1914.68	-31.07	0.36	0.0631	3.63	67.12	2.28

续表 7-1

样品	深度/m	$\delta^{13}C_{org}$/‰	$\delta^{15}N_{bulk}$/‰	TN/%	TOC 含量/%	Molar C/N	藿烷/甾烷
龙参 2-19	1914. 88	−30. 70	0. 44	0. 0645	1. 41	25. 49	2. 16
龙参 2-20	1914. 90	−30. 87	0. 40	0. 0599	2. 62	50. 99	2. 27
龙参 2-21	1915. 38	−30. 95	0. 74	0. 1232	3. 54	33. 51	2. 59
龙参 2-22	1915. 88	−30. 84	0. 73	0. 0961	2. 75	33. 38	2. 06
龙参 2-23	1915. 90	—	—	—	0. 45	—	2. 49
龙参 2-24	1916. 40	−31. 09	0. 91	0. 0692	2. 04	34. 40	1. 90
龙参 2-25	1916. 80	−31. 06	0. 41	0. 0925	3. 14	39. 60	1. 98
龙参 2-26	1917. 00	−30. 98	0. 42	0. 0972	2. 05	24. 61	2. 01
龙参 2-27	1917. 80	−30. 65	0. 28	0. 0982	2. 22	26. 38	2. 31
龙参 2-28	1918. 10	−30. 59	0. 18	0. 0785	2. 89	42. 95	2. 48
龙参 2-29	1918. 85	−30. 73	0. 36	0. 0841	2. 03	28. 17	2. 70
龙参 2-30	1918. 90	−30. 56	0. 02	0. 1108	1. 90	20. 00	2. 14
龙参 2-31	1919. 20	−29. 43	0. 86	0. 1888	0. 59	3. 65	2. 46
龙参 2-32	1919. 53	−30. 75	0. 06	0. 1003	3. 17	36. 89	2. 63
龙参 2-33	1920. 50	−30. 91	0. 30	0. 0976	2. 17	25. 93	2. 78
龙参 2-34	1921. 00	−30. 54	0. 28	0. 0871	0. 54	7. 24	1. 46
龙参 2-35	1921. 40	−29. 17	0. 78	0. 1919	0. 31	1. 88	—
龙参 3-1	655. 34	−28. 70	0. 57	0. 0667	0. 99	17. 27	3. 17
龙参 3-2	656. 24	−27. 76	0. 05	0. 0360	0. 71	23. 04	—
龙参 3-3	657. 64	−27. 73	0. 33	0. 0364	0. 81	25. 83	2. 29
龙参 3-4	658. 24	−28. 48	0. 83	0. 1020	1. 20	13. 72	—
龙参 3-5	659. 00	−29. 29	0. 29	0. 0768	1. 32	20. 05	—
龙参 3-6	660. 30	−29. 05	0. 65	0. 0686	1. 37	23. 29	2. 56
龙参 3-7	660. 70	−29. 17	0. 75	0. 0730	1. 47	23. 51	—
龙参 3-8	660. 94	−29. 17	0. 51	0. 0845	1. 79	24. 72	2. 53
龙参 3-9	661. 40	−29. 05	−0. 17	0. 1051	0. 97	10. 80	—
龙参 3-10	661. 80	−29. 14	−0. 28	0. 0709	1. 36	22. 38	4. 25

续表 7-1

样品	深度/m	$\delta^{13}C_{org}$/‰	$\delta^{15}N_{bulk}$/‰	TN/%	TOC 含量/%	Molar C/N	藿烷/甾烷
龙参 3-11	662. 50	-28. 75	0. 08	0. 0813	1. 29	18. 51	—
龙参 3-12	663. 44	-28. 97	0. 25	0. 0829	1. 59	22. 37	3. 12
龙参 3-13	663. 74	-28. 86	-0. 69	0. 0688	—	—	—
龙参 3-14	664. 24	-26. 89	-0. 37	0. 2020	0. 54	3. 10	2. 74
龙参 3-15	664. 44	-28. 89	0. 01	0. 0716	1. 54	25. 09	—
龙参 3-16	664. 74	-28. 99	0. 36	0. 0592	1. 10	21. 69	3. 25
龙参 3-17	665. 24	-29. 15	-1. 18	0. 1625	1. 23	8. 83	2. 36
龙参 3-18	665. 94	-30. 74	-4. 53	0. 1720	3. 12	21. 16	2. 30
龙参 3-19	666. 64	-30. 45	-0. 50	0. 1491	4. 07	31. 84	2. 23
龙参 3-20	667. 24	-30. 02	-0. 45	0. 1323	5. 61	49. 46	2. 64
龙参 3-21	668. 04	-30. 68	0. 27	0. 1054	4. 64	51. 37	2. 44
龙参 3-22	668. 64	-31. 35	0. 17	0. 0914	3. 73	47. 61	2. 64
龙参 3-23	669. 14	-30. 89	0. 62	0. 1291	2. 83	25. 58	2. 39
龙参 3-24	669. 60	-30. 72	0. 48	0. 0977	3. 23	38. 57	2. 90
龙参 3-25	670. 20	-30. 62	0. 64	0. 0641	2. 7	49. 18	2. 64
龙参 3-26	671. 00	-30. 59	0. 55	0. 0989	3. 77	44. 46	2. 29
龙参 3-27	671. 40	-30. 69	0. 33	0. 1115	3. 25	34. 01	2. 22
龙参 3-28	671. 70	-31. 03	-0. 30	0. 1202	2. 62	25. 42	2. 42
龙参 3-29	672. 80	-30. 86	0. 66	0. 0758	3. 25	49. 99	2. 07
龙参 3-30	673. 20	-30. 55	0. 71	0. 0615	2. 22	42. 14	2. 72
龙参 3-31	673. 50	-30. 59	0. 43	0. 0877	2. 85	37. 92	3. 49
龙参 3-32	673. 90	-30. 34	0. 30	0. 0982	2. 19	26. 03	2. 77
龙参 3-33	674. 20	-30. 01	-0. 07	0. 0712	2. 98	48. 86	2. 58
龙参 3-34	674. 74	-29. 65	0. 05	0. 0549	2. 17	46. 11	2. 60
龙参 3-35	675. 50	-28. 15	0. 88	0. 0335	0. 56	19. 59	—
龙参 3-36	676. 60	-28. 02	0. 39	0. 0766	0. 46	7. 07	—

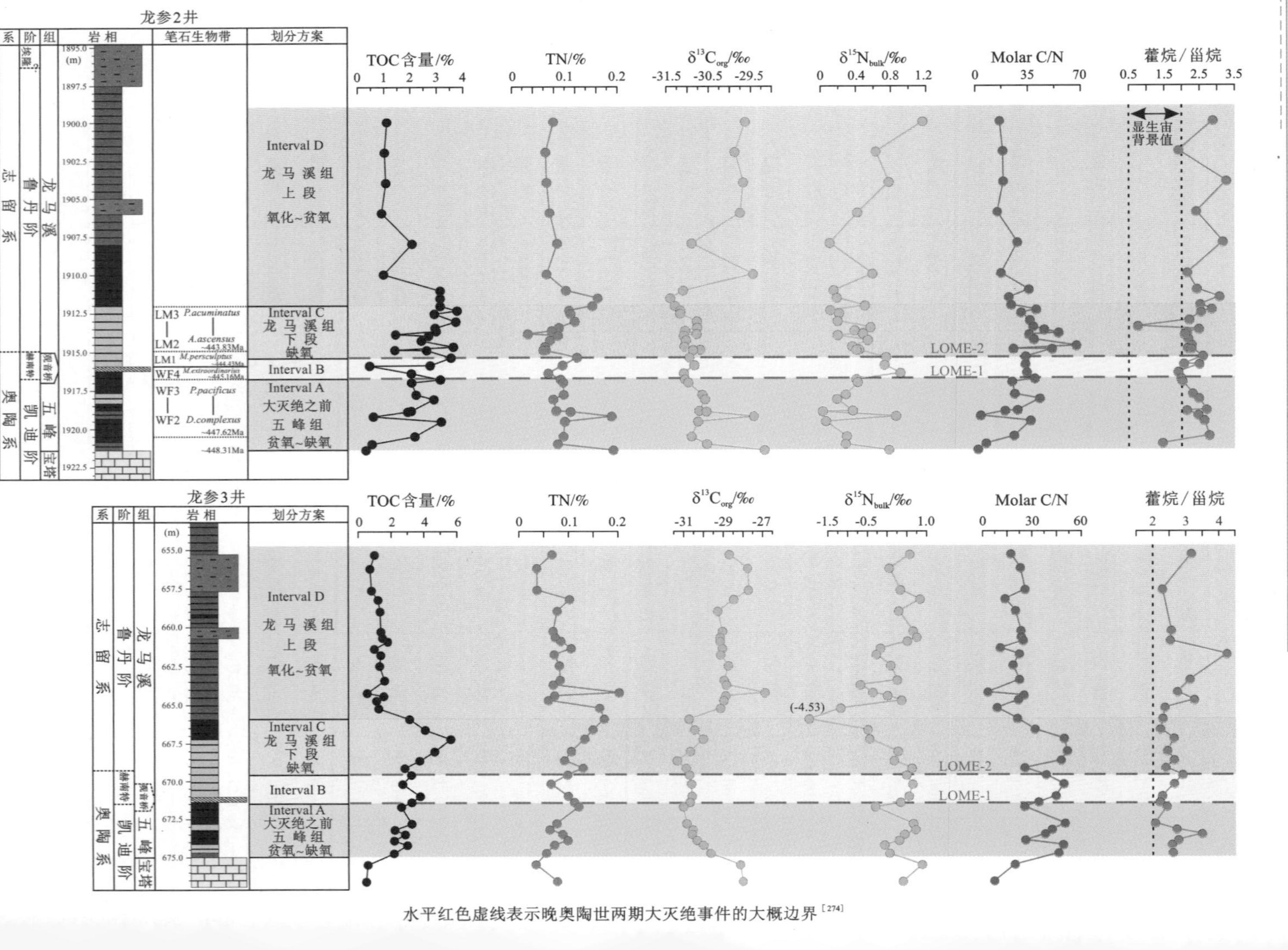

水平红色虚线表示晚奥陶世两期大灭绝事件的大概边界[274]

生物标志化合物又被称为分子化石，记录了地质历史时期原始生物体的碳骨架信息。尽管我国南方下古生界奥陶—志留系海相页岩处于高演化过成熟阶段，但仍可抽提出一定量的可溶有机烃类，可检测出丰富的生物标志化合物，特别是大量的藿烷和甾烷类化合物。通过 m/z191 的质量色谱图(图 7-2a)可识别出藿烷类化合物，包括三降藿烷(Ts，Tm)、C_{29}~C_{35} αβ-藿烷和 C_{29}~C_{31} βα-藿烷。通过 m/z217 的质量色谱图可识别出甾烷类化合物，主要是 C_{27}~C_{29} 规则甾烷和重排甾烷(C_{27}，C_{29})(图 7-2b)。龙参 2 井中藿烷(C_{27}~C_{35})与甾烷(C_{27}~C_{29})的比值分布范围为 0.75~3.26，平均值为 2.34±0.48；龙参 3 井中藿烷(C_{27}~C_{35})与甾烷(C_{27}~C_{29})的比值分布范围为 2.07~4.25，平均值为 2.68±0.47。值得注意的是，相较于其他层段，Interval C 中藿烷与甾烷的比值较低(图 7-1)。

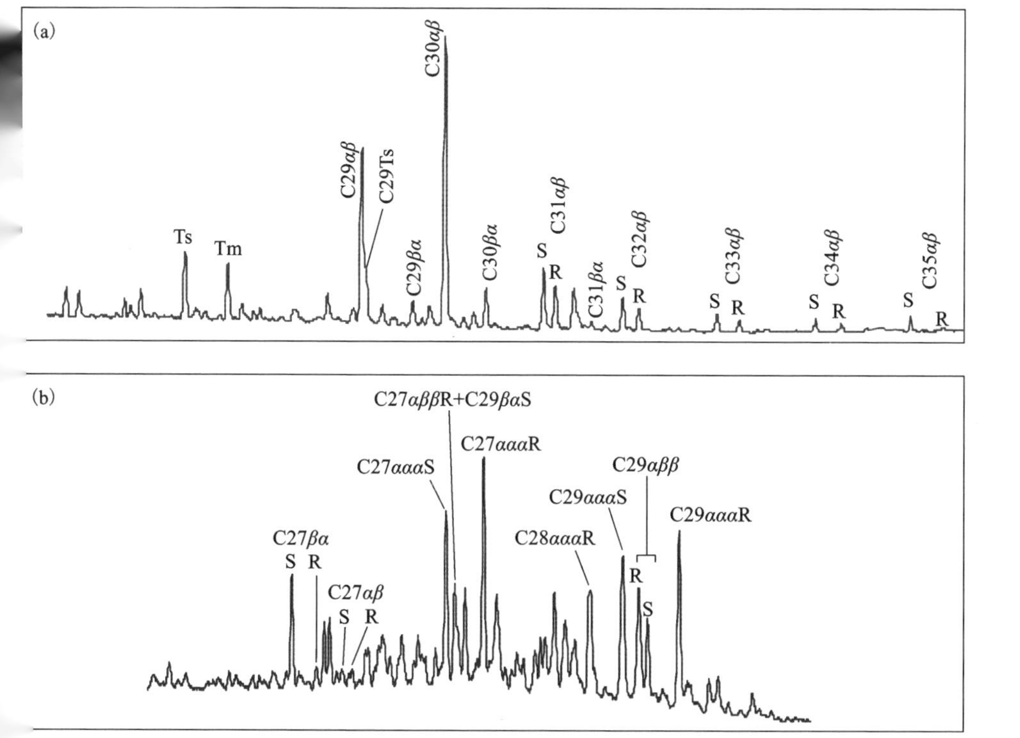

(a)藿烷(m/z191)；(b)甾烷(m/z217)。

图 7-2　龙参 2 井中藿烷与甾烷的质量色谱图

7.2 原始地球化学信号的评估

沉积物中的氮和碳同位素组成可能会受到后期成岩作用和变质作用的影响而改变，因此在做出任何古海洋生物地球化学解释之前，都需要对同位素地球化学信号进行原生性评估。

研究样品的 $\delta^{13}C_{org}$ 数值和目前已报道的奥陶—志留纪之交黑色页岩的 $\delta^{13}C_{org}$ 分布范围(−32‰~−26.5‰)相近[260, 273, 275-277]。同时，页岩样品中 $\delta^{13}C_{org}$ 和 $\delta^{15}N_{bulk}$ 之间并没有显著的相关性[图 7-3(a)]，说明样品受到热液蚀变或变质作用的影响较小，后期成岩作用对有机碳同位素的组成影响有限，因为在上述地质作用过程中会导致 ^{12}C 和 ^{14}N 的优先丢失，进而造成 $\delta^{13}C_{org}$ 和 $\delta^{15}N_{bulk}$ 之间呈显著的正相关关系[278]。

沉积岩中的氮元素通常有两种存在形式：一种是与有机质相结合的氮，另一种则是与黏土矿物相结合的氮(主要是 NH_4^+)[258, 279]。在沉积物中，与有机质相结合的氮及有机质降解后再与黏土矿物相结合的氮可以反映古海洋的氮循环过程[222, 261]。从陆源输入的与黏土矿物相结合的氮可能会降低 TOC 含量并影响页岩的氮同位素组成[280]。然而，陆源输入对本研究中 $\delta^{15}N_{bulk}$ 的影响可以忽略不计，因为研究剖面(龙参 2 井和龙参 3 井)远离物源区，受物源影响小，并且页岩样品中的 TOC 含量整体较高。此外，奥陶纪缺乏陆地维管植物[281]，外源输入对沉积盆地中氮同位素的影响有限。如图 7-3(b)所示，TN 与 TOC 间存在显著的线性相关性，并且 TN 轴上的截距较小，反映了研究样品中总氮的含量受有机质丰度的影响，即页岩样品中的氮很可能主要来自有机质，排除了大量外源输入氮的影响[262, 282]。

在早成岩阶段，沉积物中的氮同位素组成会显著受到孔隙水氧化还原条件的影响。在氧化的孔隙水环境中，有机质降解后释放的 NH_4^+ 可被部分氧化，使得剩余的 NH_4^+ 富集 ^{15}N，进而造成沉积物中 $\delta^{15}N_{bulk}$ 可增大至 4‰[257, 283]。在缺氧的孔隙水环境中，有机质的降解仅会产生较小的氮同位素分馏，通常不超过 1‰[283, 284]。有研究指出，若沉积物中的 $\delta^{15}N_{bulk}$ 数值大于+2‰，则有可能受到氧化成岩作用的改造[279]。然而，研究样品的 $\delta^{15}N_{bulk}$ 数值均表现出小于+2‰的

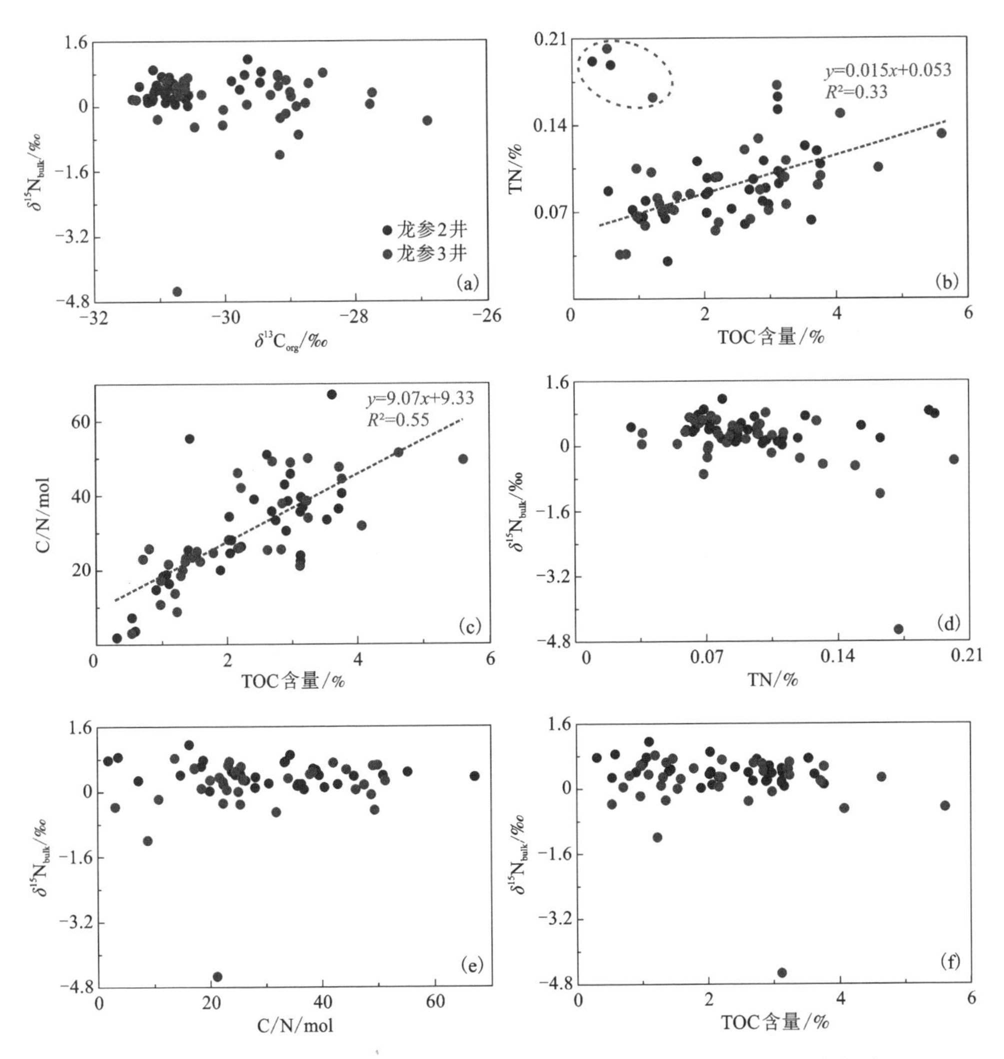

(a)$\delta^{15}C_{org}$ 和 $\delta^{15}N_{bulk}$ 的交会图；(b)TN 和 TOC 的交会图；(c)C/N 和 TOC 的交会图；(d)$\delta^{15}N_{bulk}$ 和 TN 的交会图；(e)$\delta^{15}N_{bulk}$ 和 C/N 的交会图；(f)$\delta^{15}N_{bulk}$ 和 TOC 的交会图。

图 7-3　各类地化指标间的交会图

特征，说明两口钻井岩心样品并未受到氧化成岩作用的影响。

在埋藏成岩过程中，沉积物中原始氮同位素组成的改造效应通常可以忽略不计，因为有机质热降解释放的 NH_4^+ 中氮同位素组成与沉积有机质中氮同位素组成相近[258, 280]。在变质作用过程中，由于轻氮(^{14}N)的优先损失，造成沉积物中氮同位素组成会发生变化[285]。对于变质程度较低的绿片岩相，沉积岩的氮同位素组成会发生 1‰~2‰的变化；对于变质程度中等的角闪岩相，沉积岩的氮同位素组成会发生 3‰~4‰的变化；对于高变质程度岩相而言，沉积岩的氮同位素组成会发生 6‰~10‰的变化[258, 286]，即绿片岩相以上的变质程度岩相会显著影响原始氮同位素组成。通过岩石手标本和薄片镜下观察，并未发现研究样品受到区域变质作用的影响，此外，同样有研究指出在奥陶—志留纪过渡时期扬子地区其他剖面也未受到显著变质作用的影响[275]。因此，变质作用对研究样品的原始氮同位素组成影响可以忽略。

现代海洋的平均 C/N 物质的量比约为 7[287]，与现代海洋相比，研究样品具有较高的 C/N 物质的量比值，并且随着 TOC 含量的增加，C/N 物质的量比值呈上升趋势[图 7-3(c)]。上述 C/N 物质的量比值的特征反映了在后期成岩和变质作用过程中可能会损失一些氮含量[280]。然而，其他参数之间如 $\delta^{15}N_{bulk}$ 与 TN、C/N 物质的量比及 TOC 的交会图均无显著的相关性[图 7-3(d)~(f)]，说明虽然可能存在一些氮损失，但并没有明显改变沉积物中的氮同位素组成。总而言之，本研究测试的全岩氮同位素组成可以用来示踪奥陶—志留纪过渡时期古海洋的生物地球化学氮循环。

脂质生物标志化合物可以用来揭示地球历史上微生物群落结构的演变[288]。有机质的原生性是地球化学分析的前提条件，特别是对于高成熟度的富有机质页岩(如五峰组—龙马溪组页岩)。在本次研究中，有机质中的烃类化合物不太可能受到污染，因为岩心样品的最外层在预处理过程中已经被去除，以避免潜在的钻井液污染，并且生物标志化合物的分析是严格按照实验流程进行。此外，如果所研究的样品受到现代陆生高等植物的污染，那么检测到的脂质生物标志化合物将具有显著的高分子量正构烷烃特征(如 C_{29}~C_{33})，并伴有强烈的奇数碳优势[289, 290]。然而在研究样品的有机地球化学组成中并没有观察到上述特征(图 7-4)，因此本研究中的脂质生物标志化合物并未受到污染的影响。

页岩中的原始有机地球化学组成可能会在高-过成熟阶段发生改变，然后趋于均一化[290]。然而，研究样品之间的脂质生物标志化合物存在差异，特别是藿烷、甾烷及二者之间的比值(图 7-1)，因此，研究样品中生物标志化合物的原始特征可能并没有因为热成熟度而发生显著改变。此外，关于脂质生物标志化合物的地球化学意义在奥陶—志留纪过渡时期的其他高成熟度页岩中也有

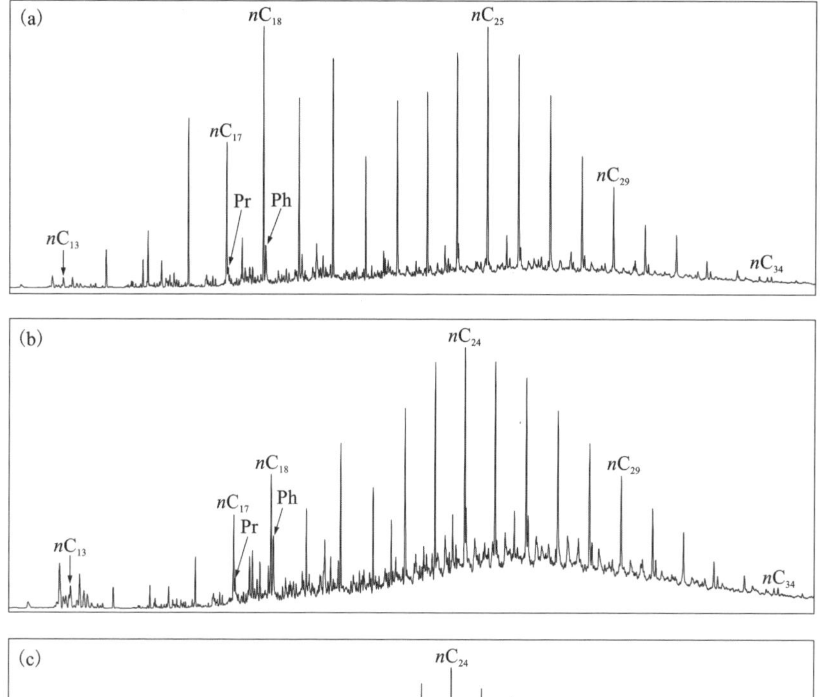

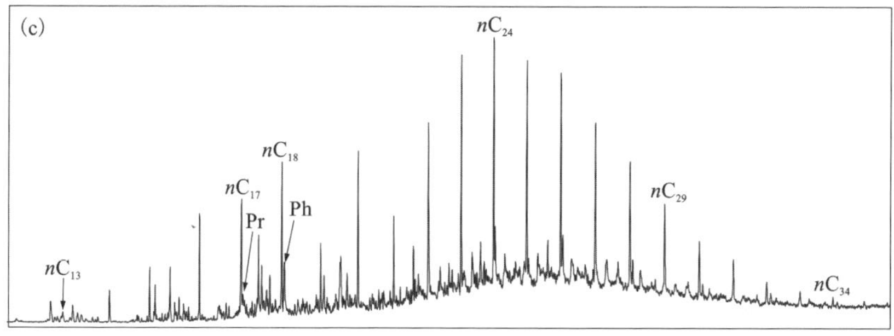

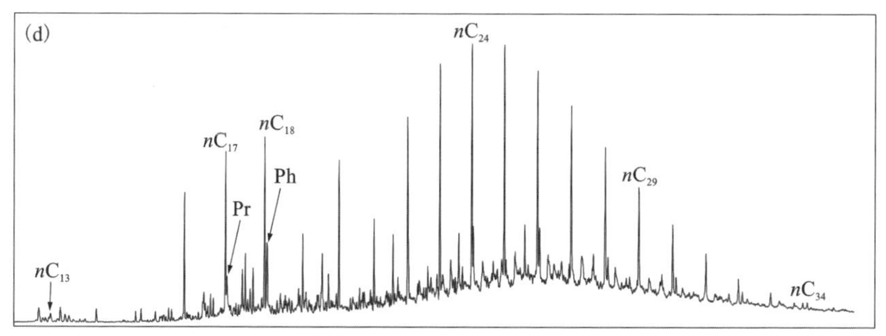

(a) Interval A 内样品，1917.00 m；(b) Interval B 内样品，1915.90 m；
(c) Interval C 内样品，1913.07 m；(d) Interval D 内样品，1906.00 m。

图 7-4　龙参 2 井饱和烃质量色谱图特征(m/z 85，正构烷烃)

报道[291, 292]，本研究中的生物标志化合物组成，特别是藿烷类和甾烷类化合物与前人的报道相似。总而言之，本研究中奥陶—志留纪过渡时期黑色页岩的脂质生物标志化合物具有原生性，可用于揭示地质历史时期微生物群落的演化特征。

7.3 氮循环与浮游生物群落间的耦合

氮是生命必需的基本营养元素，它在古海洋中的丰度可能会影响浮游生物群落结构的演化(如浮游真核生物与原核生物的相对占比)[280]。海洋中的生物可利用氮包括外源氮和内源氮，外源氮是指通过固氮作用生成的 NH_4^+；内源氮是指海水中的有机质经过再矿化作用后生成的 NO_3^-、NO_2^- 和 NH_4^+，这一过程不发生明显的同位素分馏效应，与有机质中的氮同位素组成关系密切[261]。通常固氮菌(如蓝细菌)可通过生物固氮作用为海洋生物提供最原始的含氮营养盐，现代海洋研究指出束毛藻属蓝细菌具有较强的生物固氮能力，固氮量可达 87.4 Tg/a，约占海洋总固氮量的 36%[293]，固氮作用产生的同位素分馏为 -2‰~+1‰[279, 285]。在氧化还原分层的水体中，浮游藻类在同化吸收内源氮的过程中可产生较大的同位素分馏，为 -5‰~+20‰[285]。本研究中除了一个低 $\delta^{15}N_{bulk}$ 值(-4.53‰)和一个高 $\delta^{15}N_{bulk}$ 值(+1.16‰)外，其余样品的氮同位素组成均为 -2‰~+1‰。很显然样品的氮同位素组成反映了基于钼固氮酶的生物固氮作用[279]，这与前人的认识一致，即强的生物固氮作用是奥陶—志留纪过渡时期最主要的生物可利用氮来源[261, 270, 276]。样品中唯一的低 $\delta^{15}N_{bulk}$ 值(-4.53‰)超出了典型固氮作用的范围，说明在氮循环过程中存在重氮(^{15}N)的损失，这个低值可能与局部水体的缺氧条件有关，该值并不是本次研究的重点，后续不做过多讨论。

如上所述，低的氮同位素组成(-2‰~+1‰)可能对应 4 种不同的水体氧化还原条件[262, 263]。下面将结合脂质生物标志化合物来探讨不同沉积时期(即 Interval A、B、C 和 D)氮循环与浮游生物群落间的耦合关系。

尽管理论上有可能，但第一种(ⅰ)和第三种(ⅲ)情况在奥陶—志留纪过渡时期的古海洋中不太可能发生。这是因为前人对大量氧化还原指标，如氧化

还原敏感元素、铁组分及硫同位素等进行了详细研究[246, 294, 295]，提出了两种普遍接受的古海洋氧化还原模型：第一种是具有氧最小带(oxygen minimum zone, OMZ)的氧化海洋[244, 276]；第二种是具有氧化还原分层结构的海洋，表层水体氧化，深层水体缺氧[233, 261, 295]。虽然两种模型代表着不同的氧化还原水体结构，但都反映了奥陶—志留纪过渡时期的古海洋水体并非具有单一的氧化或缺氧特征。此外，有机地球化学证据如细菌脂质标记物表明，具有氧化还原分层结构的古海洋在中奥陶纪就已经形成[296, 297]。因此，(ⅰ)和(ⅲ)情形与奥陶—志留纪过渡时期的古海洋氧化还原背景相矛盾。

在第二种(ⅱ)情形下，固定的氮在沉降过程中会迅速硝化，随后在化变层附近经历完全反硝化作用，在这种稳定的氧化还原分层水体中，特别是在氧化还原界面附近，含氮营养盐如 NO_3^- 的浓度有限，固氮作用是生物可利用氮的最主要来源[262, 263]。在第四种(ⅳ)情形下，虽然古海洋以低化变层的含氧水柱为特征，但整个海洋的硝酸盐储库仍然有限[262]，类似于现代海洋的寡营养区[299, 300]，固氮作用依然是最主要的生物可利用氮源。很显然(ⅱ)与(ⅳ)之间存在两点差异：第一点，这两种情形代表了不同的海水氧化还原结构，(ⅱ)是一个稳定的氧化还原分层水体，底水缺氧，而(ⅳ)则是氧化水体占据主导地位，底水贫氧/亚氧化；第二点，在情形(ⅱ)中，虽然化变层附近的 NO_3^- 经历了完全反硝化作用，致使其浓度有限，但在海洋透光带(表层水体)中的 NO_3^- 并未经历反硝化作用，即透光带内可能存在一定浓度的 NO_3^-。有研究指出，真核藻类主要依赖表层海水中的 NO_3^-，而原核藻类则优先吸收 NH_4^+[300]。因此，除固氮蓝细菌外，透光带内也可能发育一些真核藻类。然而在情形(ⅳ)中，整个海洋(包括透光带)是寡营养的，只有固氮蓝细菌(原核生物)可能在透光带内发育，而真核藻类的发育则会受到限制。

藿烷类化合物通常来自不同的细菌，而甾烷类化合物则主要来自真核生物[272, 301]。可通过沉积物中(C_{27}~C_{35})藿烷与(C_{27}~C_{29})甾烷的比值来揭示细菌(原核生物)和真核生物对沉积有机质的相对贡献[272]。计算结果表明，龙参2井中 Interval A~D 的藿烷与甾烷的平均比值分别为 2.30±0.40、2.26±0.33、2.18±0.52 和 2.64±0.47；龙参 3 井中 Interval A~D 的藿烷与甾烷的平均比值分别为 2.66±0.43、2.51±0.32、2.44±0.17，2.92±0.61(见表 7-1)。有报道指出显生宙海洋的藿烷与甾烷平均比值为 0.5~2.0[302]。很显然，本研究中 4 个沉积阶段的藿烷与甾烷平均比值均高于显生宙海洋。Rohrssen 等[272]同样也指出奥陶—志留纪过渡时期的安提科斯提(Anticosti)和辛辛那提(Cincinnati)地区的藿烷与甾烷平均比值高于显生宙海洋。高的藿烷与甾烷比值常常与显著的环境变化有关，如奥陶—志留纪大灭绝事件和二叠—三叠纪大灭绝事件[271, 272]。如此高的藿烷与甾烷比值反映了细菌(如蓝细菌)具有较高的丰度，而真核藻类的丰度有限[272]，这与上述强的生物固氮作用认识一致。

在上一章中已经明确了龙参 2 井和龙参 3 井的底水氧化还原条件，除了 Interval C 沉积时的底水为稳定缺氧条件，Interval A、Interval B 和 Interval D 则沉积在氧化还原波动的环境中，底水在氧化、贫氧、缺氧条件之间波动。情形(ⅱ)代表的稳定氧化还原分层水体结构与 Interval C 所反映的氧化还原背景相符。此外，与其他沉积层段相比，Interval C 的藿烷与甾烷平均比值较低，说明 Interval C 内的真核生物可能较其他层段丰度更高。同时通过形态特征，生物碎屑结构及能谱数据在 Interval C 内的富有机质页岩中可识别到蓝细菌(原核生物)和真菌(真核生物)的化石(图 7-5)，这与情形(ⅱ)透光带中原核生物与真核生物同时发育的场景相一致。综上所述，情形(ⅱ)与 Interval C 的吻合度高。

除了 Interval A、B Interval 和 Interval D 内波动的氧化还原条件外，有研究指出奥陶—志留纪过渡时期的古海洋中含氮营养盐如 NO_3^- 和 NH_4^+ 储库有限[261]。在这种寡营养的生态系统下[303]，氮营养物质在很大程度上会依赖广泛发育的固氮蓝细菌。因此，情形(ⅳ)是对 Interval A、Interval B 和 Interval D 内氮同位素组成为−2‰~+1‰的合理解释，需要注意是，不同沉积层段内的化变层位置可能有所不同。

将龙参 2 井和龙参 3 井的化学地层与华南中上扬子地区同时期的其他剖面进行比较，可以深入了解区域尺度的氮循环特征和浮游生物群落的演化。如图 7-6 所示，除少数剖面的 $\delta^{15}N_{bulk}$ 值大于+2‰外，大部分剖面的氮同位素组成为−2‰~+2‰。+1‰~+2‰的 $\delta^{15}N_{bulk}$ 值略微超出了生物固氮作用产生的氮同位素组成范围(−2‰~+1‰)，但仍低于典型好氧氮循环过程中的氮同位素组成(大于+2‰[262, 279])。整体上，氮同位素特征指示了以生物固氮作用为主，局部区域伴有好氧氮循环。同时存在低和高的 $\delta^{15}N_{bulk}$ 值反映了华南地区古海洋中含氮营养库的空间分布非均质性与不同氮循环模式。特别是靠近物源区的 $\delta^{15}N_{bulk}$ 值要高于远离物源区环境，这与前人研究的认识一致[240, 261]。有机碳同

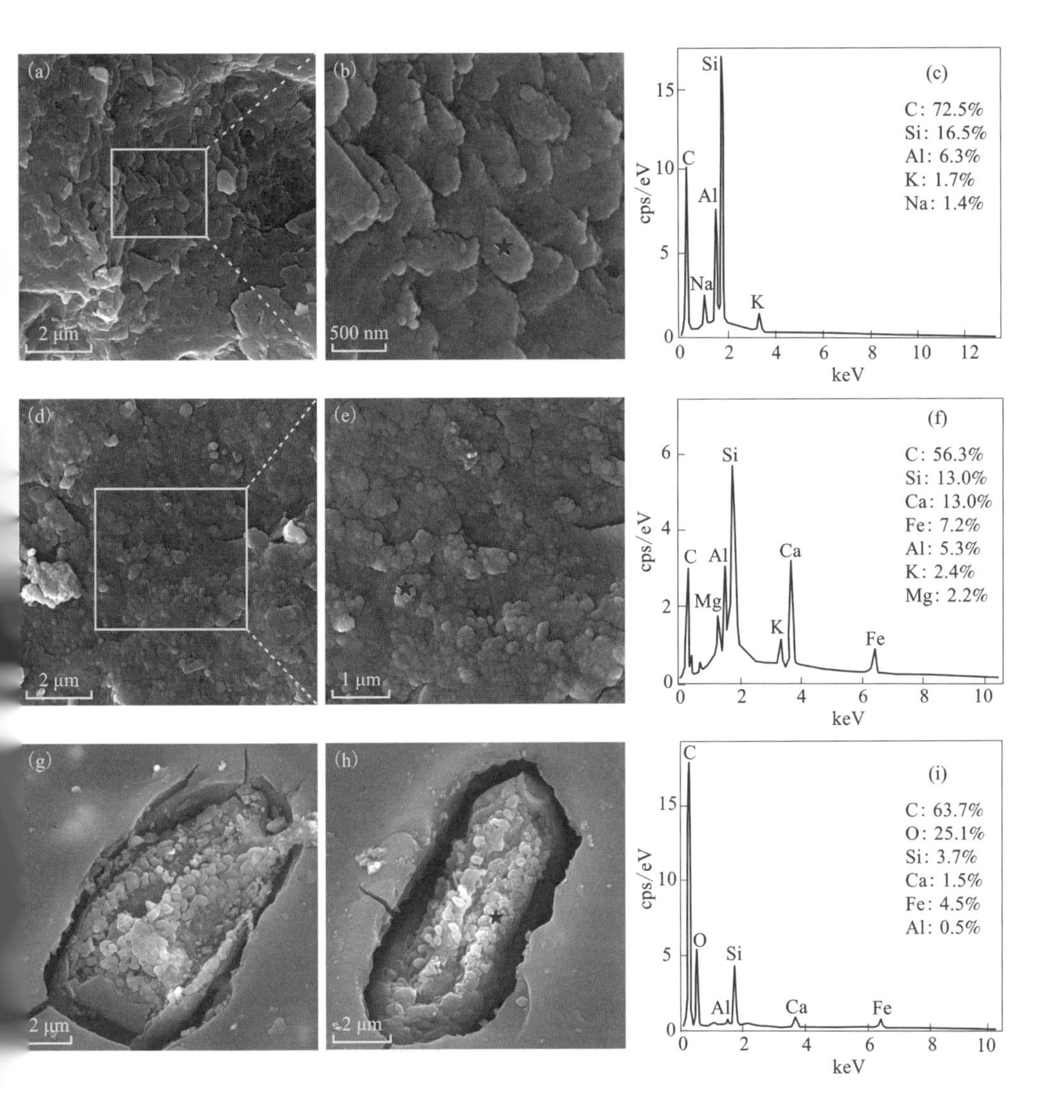

(a)(b)杆状蓝藻(Rhabditiform cyanobacteria)，1913.47 m；

(c)图(b)中标示的能谱数据；

(d)(e)球状蓝藻(Spherical cyanobacteria)，1914.90 m；

(f)图(e)中标示的能谱数据；

(g)(h)真菌(Fungi)，1913.87 m；

(i)图(h)中标示的能谱数据。

图 7-5　龙参 2 井中不同类型微生物化石的扫描电镜图像与相应能谱数据

位素证据表明，靠近物源区的 $\delta^{13}C_{org}$ 值高于远离物源区[图 7-6(c)]，这可能是由于近岸浅水区域受到了强烈的碳酸盐风化作用的影响[240]。大陆风化作用的加强会将高营养通量直接带入近岸海水中[304, 305]，相应地增加了近岸区域的硝酸盐储量。近岸海水环境中的高 $\delta^{15}N_{bulk}$ 值很有可能是好氧氮循环的结果[240, 268]，部分反硝化作用使得剩余硝酸盐储层具有重氮同位素特征，被生物体吸收后最终保留在沉积物中[261]。此外，位于扬子海斜坡上的剖面毗邻开放海洋[图 7-6(a)]，这样的古地理位置很容易受到上升流的影响。如 TB 剖面，高 $\delta^{15}N_{bulk}$ 值可以很好解释为上升流携带的 NO_3^-/NH_4^+ 储库在水柱中发生了不完全的反硝化作用/厌氧氨氧化作用，剩余富 ^{15}N 的 NO_3^-/NH_4^+ 储库则会被生物同化吸收[268]，进而在沉积物中表现出高 $\delta^{15}N_{bulk}$ 特征。值得注意的是，尽管有些剖面的 $\delta^{15}N_{bulk}$ 值大于+2‰，但所有剖面的 $\delta^{15}N_{bulk}$ 值均小于现代海洋沉积物的氮同位素组成(~+5‰[306])，说明了奥陶—志留纪过渡时期扬子海的硝酸盐储库小于现代海洋。

总之，晚奥陶世大灭绝后的海洋生物地球化学氮循环和浮游植物群落结构与大灭绝之前的不同。具体而言，晚奥陶世大灭绝之前(图 7-7，Interval A)，海洋生态系统处于寡营养状态，水柱中的化变层较低，持续低的含氮营养盐浓度限制了真核浮游藻类的发育，而固氮蓝细菌(原核生物)则在透光带内广泛发育。赫南特冰川时期(图 7-7，Interval B)，海平面大幅下降，形成了化变层较低的氧化海洋，海洋氮循环以生物固氮为主，伴有局部好氧氮循环，除固氮蓝细菌外，真核浮游植物也可能在好氧氮循环的水体(如近岸区域和斜坡环境)中发育。晚奥陶世大灭绝之后(图 7-7，Interval C)，冰川融化，海平面上升，化变层上升，并且化变层高于大灭绝之前。在这样一个稳定的氧化还原分层水柱中，表层水体中固定的氮在沉降过程中被迅速硝化为 NO_3^-，虽然 NO_3^- 在化变层附近经历了完全反硝化作用，导致水柱中 NO_3^- 的浓度有限，但透光带内表层水体中仍可能存在部分 NO_3^- 没有进行反硝化作用，这有利于真核藻类的发育，这一时期透光带内同时发育固氮蓝细菌和真核浮游植物。最后，随着海平面的下降，水柱中的化变层也在降低(图 7-7，Interval D)，寡营养海洋中有限的 NO_3^- 浓度限制了真核浮游藻类的发育，这一时期的海洋氮循环和浮游植物群落结构与晚奥陶世大灭绝之前的相似。

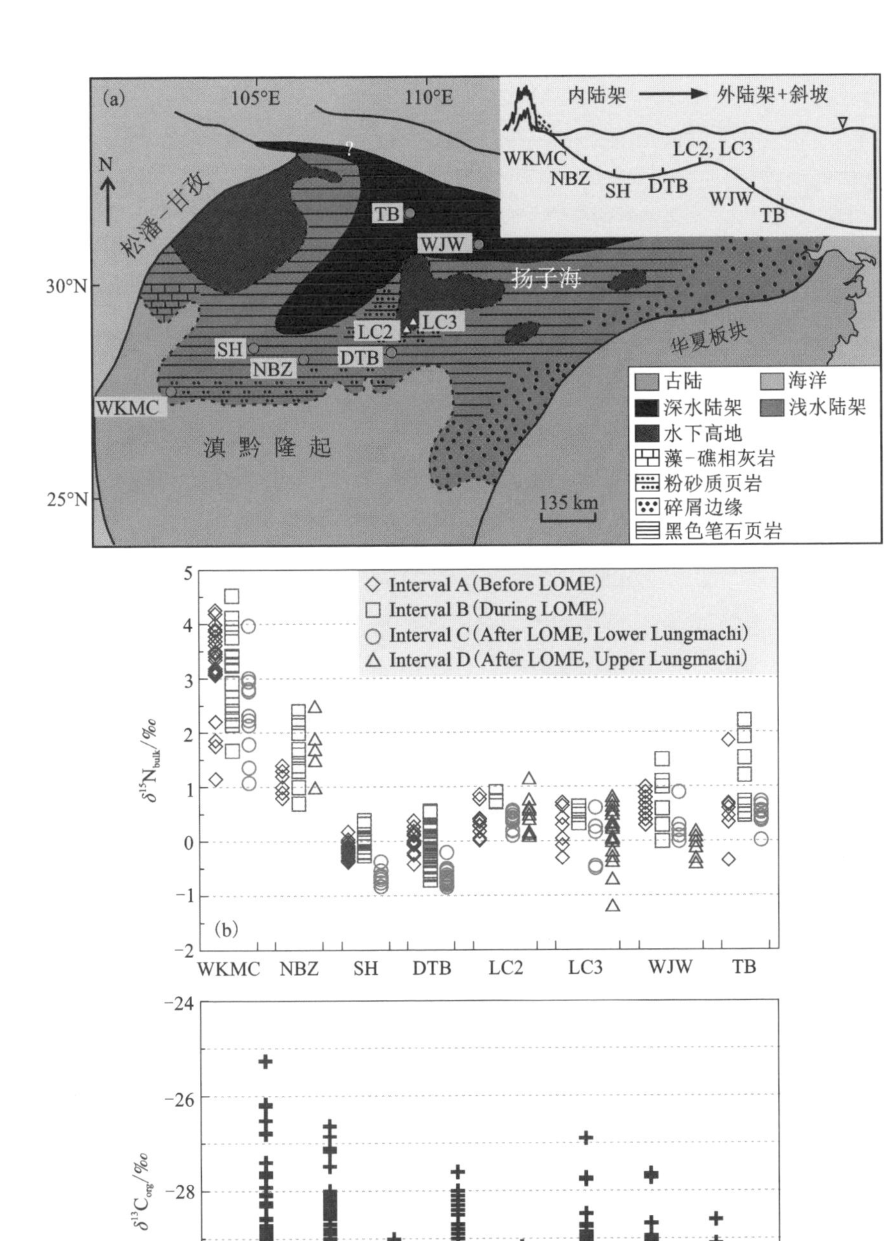

(a)各剖面的古地理位置(修改自[269]);(b)不同沉积环境下各剖面的 $\delta^{15}N_{bulk}$ 值;(c)奥陶志留纪过渡时期各剖面的 $\delta^{13}C_{org}$ 值;其中,WKMC 剖面的 $\delta^{15}N_{bulk}$ 和 $\delta^{13}C_{org}$ 数据引自[240],NBZ 和 WJW 剖面的 $\delta^{15}N_{bulk}$ 和 $\delta^{13}C_{org}$ 数据引自[276, 277],SH 和 DTB 剖面的 $\delta^{15}N_{bulk}$ 和 $\delta^{13}C_{org}$ 数据引自[247, 273],龙参 2(LC2)和龙参 3(LC3)剖面的 $\delta^{15}N_{bulk}$ 和 $\delta^{13}C_{org}$ 数据为本研究原始数据,TB 剖面的 $\delta^{15}N_{bulk}$ 和 $\delta^{13}C_{org}$ 数据引自[244, 268]。

图 7-6 晚奥陶世大灭绝(LOME)前后华南地区的氮和碳同位素组成特征

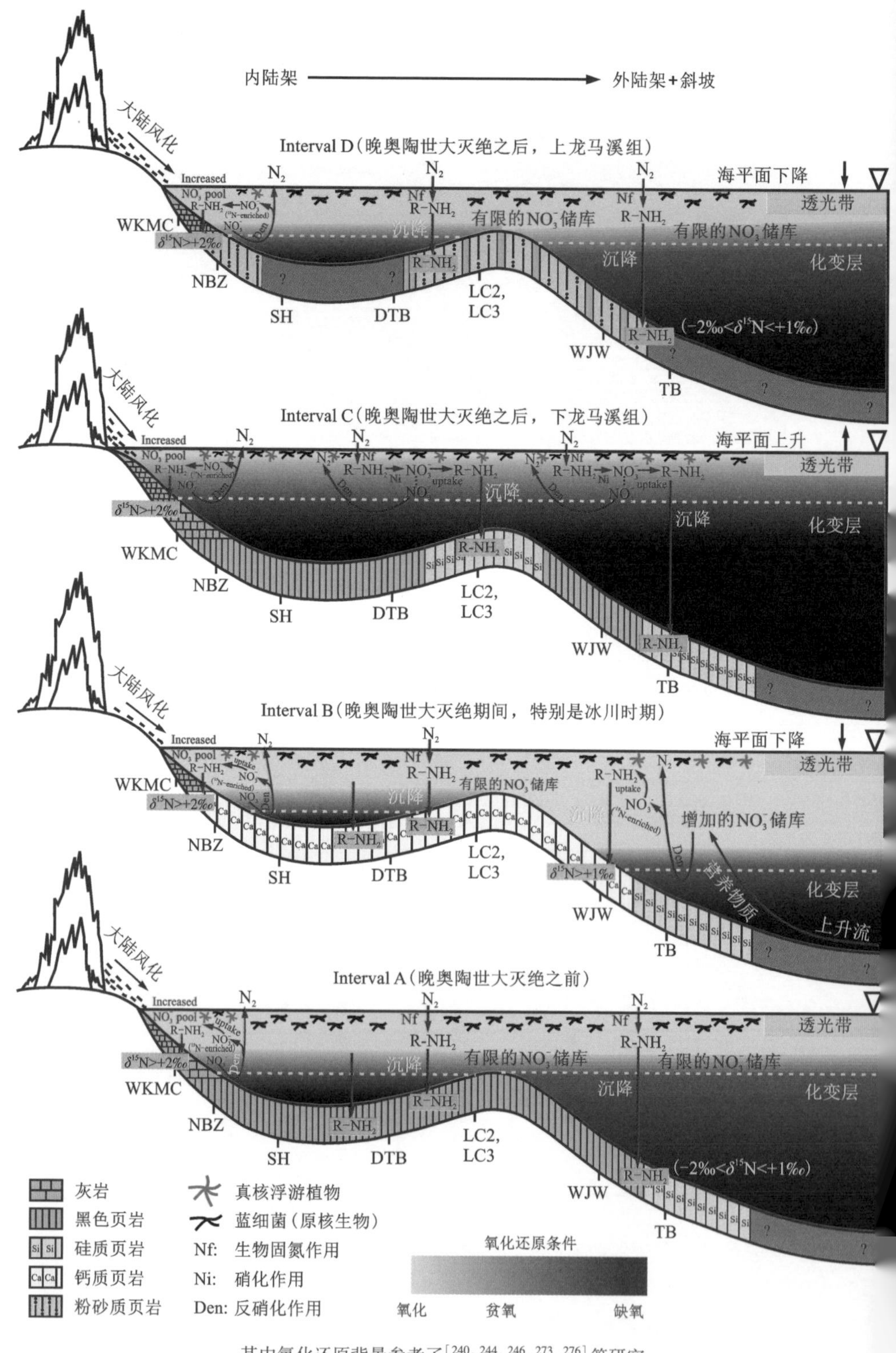

其中氧化还原背景参考了[240, 244, 246, 273, 276]等研究。

图 7-7 华南奥陶—志留纪过渡时期不同沉积层段的生物地球化学氮循环和浮游植物群落结构演化示意图

7.4　生物-环境协同演化的意义

现代海洋是以正的氮同位素组成为特征(平均+5‰)，NO_3^- 是最主要的含氮营养盐[307]。而奥陶—志留纪过渡时期扬子海的生物地球化学氮循环与现代海洋并不相同。如上所述，扬子大陆边缘的氮同位素组成特征反映了强的生物固氮作用，同时伴有区域性好氧氮循环。作为主要的固氮菌，蓝细菌被认为在奥陶—志留纪过渡时期的古海洋中广泛存在并占据主导地位[273, 276, 308]。除固氮蓝细菌外，上述通过分析脂质生物标志化合物和保存的微体化石证据，同样证实了浮游真核生物的发育。特别是在晚奥陶世大灭绝后的古海洋透光带内同时发育蓝细菌和真核浮游藻类。通过研究沉积物和卟啉类化合物的氮同位素组成，甚至有学者指出真核浮游藻类在晚奥陶世时期大量繁盛[270]。

与大灭绝前广泛发育的蓝细菌相比，大灭绝后透光带内同时发育的蓝细菌和真核浮游藻类很可能增加了初级生产力，提高了光合作用效率，进而形成了高的生物泵效率，进一步促进了大量有机碳的埋藏，这与上述保存的高 TOC 丰度一致(图 7-1)。一方面，高的光合作用效率可增加表层海水的溶氧量；另一方面，生物泵的增强可提高有机碳的埋藏和保存效率[309]，有机碳的有效埋藏过程同时会向海洋-大气系统释放大量氧气[309-311]。有研究指出，寒武纪早期海洋-大气系统中氧含量的快速增加可归因于藻类和滤食性动物的兴起，这是因为它们可产生较大的有机颗粒，能够在水柱中快速下沉而减少氧的消耗[309, 312, 313]。由此看来，有机碳的埋藏和光合作用产氧过程很可能推动奥陶—志留纪过渡时期古海洋的逐步氧化扩张，进一步加深化变层，这类似于上述 Interval C 到 Interval D 的演化过程。同样，有学者通过碳同位素的分馏特征与模型模拟结果，指出晚赫南特期—早鲁丹期的大气氧含量较高，甚至接近现代大气氧含量[314]。晚奥陶世大灭绝后的生物泵增强效应导致氧含量增加的认识与 Edwards 等[314]重建的高分辨率大气氧数据十分吻合。虽然本次研究很难定量评估浮游植物群落结构中蓝细菌与真核藻类的比例，但现有证据可以表明大灭绝后真核藻类的出现很可能增强了生物泵效率，进而改变了海洋-大气系统的氧含量。

晚奥陶世大灭绝之后，包括蓝细菌和真核藻类在内的多样化浮游植物群落结构将会带来更复杂的食物网络结构，使更多的能量流向营养级更高的海洋生物(如动物)[312, 315]。如上所述，在大灭绝之后的黑色页岩中(龙马溪组下段)，放射虫化石的丰度最为丰富，而在大灭绝之前的页岩则分布相对有限。浮游植物在食物链中属于初级生产者，放射虫则是消费者[226, 246]。大灭绝后沉积物中保存的大量放射虫化石反映了海洋中营养物质的供给量增加，海洋的初级生产力水平较高，很可能高于大灭绝之前的生产力水平。高生产力模式将会带来高能量供应，进而确保放射虫等消费者的广泛发育。高生产力水平与上述讨论的大灭绝之后蓝细菌和真核藻类共同发育的情形较为吻合。此外，消费者(如海洋动物)的摄食活动过程被认为是真核浮游植物进化过程中的重要选择性压力，可促进真核浮游植物的繁盛，真核浮游植物丰度的增加相应地提高了生物泵效率，进而有利于海洋的逐步氧化和大型动物的生长发育[311, 316]。放射虫主要以浮游微生物和有机碎屑聚集体为食[317, 318]，可为真核浮游植物的演化提供选择性压力[280, 311]，进而带来一系列的正反馈，这些正反馈效应加强了生物圈、海洋圈和大气圈之间的联系。虽然目前的数据无法捕获奥陶—志留纪过渡时期全球海洋氮循环和浮游植物群落演化的趋势，但不可否认从原核蓝细菌—真核浮游藻类—浮游动物(如放射虫)的生态多样性很可能是生物泵效率增强的响应，在一定程度上反映了晚奥陶世大灭绝之后的全球生态演化趋势。

7.5 本章小结

通过高分辨率氮、碳同位素的组成和脂质生物标志化合物的分析，同时结合已报道的同时期其他剖面同位素数据，明确了奥陶—志留纪过渡时期中上扬子地区的古海洋以生物固氮作用为主，同时伴有局部好氧氮循环，该时期扬子海的硝酸盐储库小于现代海洋；晚奥陶世大灭绝之前，海洋生态系统处于寡营养状态，水柱中的化变层较低，固氮蓝细菌在透光带内广泛发育，而真核藻类

则受到限制；晚奥陶世大灭绝之后，海平面上升，化变层高于大灭绝之前，在这样一个稳定的氧化还原分层水柱中，透光带内表层水体中仍可能存在部分 NO_3^- 没有进行反硝化作用，这有利于真核藻类的发育，这一时期透光带内同时发育固氮蓝细菌和真核浮游植物；从原核蓝细菌—真核浮游藻类—浮游动物（如放射虫）的生态多样性很可能是生物泵效率增强的响应，一系列正反馈效应加强了生物圈、海洋圈和大气圈之间的联系。

参考文献

[1] LI Y, LI Y, WANG B, et al. The status quo review and suggested policies for shale gas development in China [J]. Renewable and Sustainable Energy Reviews, 2016, 59: 420-428.

[2] TANG X, JIANG Z, JIANG S, et al. Structure, burial, and gas accumulation mechanisms of lower Silurian Longmaxi Formation shale gas reservoirs in the Sichuan Basin (China) and its periphery [J]. AAPG Bulletin, 2021, 105: 2425-2447.

[3] UNIVERSITY OF NOTTINGHAM F O E, ENERGY TECHNOLOGIES BUILDING, TRIUMPH ROAD, et al. Shale gas reserve evaluation by laboratory pyrolysis and gas holding capacity consistent with field data [J]. Nature communications, 2019, 10(1): 3659.

[4] JIZHEN Z, XIANQING L, QIANG W, et al. Characterization of Full-Sized Pore Structure and Fractal Characteristics of Marine-Continental Transitional Longtan Formation Shale of Sichuan Basin, South China [J]. Energy & Fuels, 2017, 31(10): 10490-10504.

[5] LI L, TAN J, WOOD D A, et al. A review of the current status of induced seismicity monitoring for hydraulic fracturing in unconventional tight oil and gas reservoirs [J]. Fuel, 2019, 242: 195-210.

[6] JINGQIANG T, BRIAN H, REINHARD F, et al. Shale Gas Potential of the Major Marine Shale Formations in the Upper Yangtze Platform, South China, Part III: Mineralogical, Lithofacial, Petrophysical, and Rock Mechanical Properties [J]. Energy & Fuels, 2014, 28(4): 2322-2342.

[7] 贾承造, 郑民, 张永峰. 非常规油气地质学重要理论问题 [J]. 石油学报, 2014, 35(1): 1-10.

[8] LOUCKS R, REED R, RUPPEL S, et al. Morphology, genesis, and distribution of nanometer-scale pores in siliceous mudstones of the mississippian barnett shale [J]. Journal

of sedimentary research, 2009, 79(11/12): 848-861.

[9] CURTIS M E, SONDERGELD C H, AMBROSE R J, et al. Microstructural investigation of gas shales in two and three dimensions using nanometer-scale resolution imaging [J]. AAPG Bulletin, 2012, 96(4): 665-677.

[10] SHI M, YU B, ZHANG J, et al. Microstructural characterization of pores in marine shales of the Lower Silurian Longmaxi Formation, southeastern Sichuan Basin, China [J]. Marine and Petroleum Geology, 2018, 94: 166-178.

[11] JI W, SONG Y, RUI Z, et al. Pore characterization of isolated organic matter from high matured gas shale reservoir [J]. International Journal of Coal Geology, 2017, 174: 31-40.

[12] ZHENG X, ZHANG B, SANEI H, et al. Pore structure characteristics and its effect on shale gas adsorption and desorption behavior [J]. Marine and Petroleum Geology, 2019, 100: 165-178.

[13] TANG X, JIANG Z, LI Z, et al. The effect of the variation in material composition on the heterogeneous pore structure of high-maturity shale of the Silurian Longmaxi formation in the southeastern Sichuan Basin, China [J]. Journal of Natural Gas Science and Engineering, 2015, 23: 464-473.

[14] WU L, LU Y, JIANG S, et al. Pore structure characterization of different lithofacies in marine shale: A case study of the Upper Ordovician Wufeng-Lower Silurian Longmaxi formation in the Sichuan Basin, SW China [J]. Journal of Natural Gas Science and Engineering, 2018, 57: 203-215.

[15] LIANG F, BAI W, ZOU C, et al. Shale gas enrichment pattern and exploration significance of Well WuXi-2 in northeast Chongqing, NE Sichuan Basin [J]. Petroleum Exploration and Development Online, 2016, 43(3): 386-394.

[16] ZHAO D X, SHU H T, SONG H Z, et al. Factors Controlling Organic Matter Accumulation in the Wufeng-Longmaxi Formations in Northwestern Hunan Province: Insights from Major/Trace Elements and Shale Composition [J]. Energy & Fuels, 2020, 34(4): 4139-4152.

[17] CHEN S J, ZHI W L, YOU J T. Sea-level changes control organic matter accumulation in the Longmaxi shales of southeastern Chongqing, China [J]. Marine and Petroleum Geology, 2020, 119(prepublish): 104478.

[18] LI Y, ZHANG T, ELLIS G S, et al. Depositional environment and organic matter accumulation of Upper Ordovician-Lower Silurian marine shale in the Upper Yangtze Platform, South China [J]. Palaeogeography, Palaeoclimatology, Palaeoecology, 2017, 466: 252-264.

[19] ZHANG L, XIAO D, LU S, et al. Effect of sedimentary environment on the formation of organic-rich marine shale: Insights from major/trace elements and shale composition

[J]. International Journal of Coal Geology, 2019, 204: 34-50.

[20] 周光照, 陈焕元, 李光金, 等. 前寒武纪沉积碎屑岩中有机质壁微体化石的分析处理及观察方法 [J]. 微体古生物学报, 2020, 37(2): 115-120.

[21] 韦一, 杨兵. 微体古生物化石在地质勘探中的应用进展 [J]. 华北科技学院学报, 2018, 15(5): 32-38.

[22] LIXIA L, HONGZHEN F, DORTE J, et al. Unusual Deep Water sponge assemblage in South China-Witness of the end-Ordovician mass extinction [J]. Scientific reports, 2015, 5(1): 16060.

[23] BOTTING J P, MUIR L A, WANG W, et al. Sponge-dominated offshore benthic ecosystems across South China in the aftermath of the end-Ordovician mass extinction [J]. Gondwana Research, 2018, 61: 150-171.

[24] ZHENG N, LI T, CHENG M. Middle-Upper Ordovician radiolarians in Hunan and Jiangxi Provinces, South China: Implications for the sedimentary environment and nature of the Nanhua basin [J]. Journal of Asian earth sciences, 2019, 179(AUG. 1): 261-275.

[25] 梁西文, 吴勘, 马强分, 等. 扬子北缘中二叠统孤峰组不同岩性孔隙特征及其地质意义 [J]. 地质科技情报, 2014, 33(3): 78-86.

[26] 胥畅, 王文卉, 姚素平. 聚焦离子束扫描电镜研究微体化石的微观孔隙结构 [J]. 高校地质学报, 2016, 22(1): 207-212.

[27] HAIKUAN N, ZHIJUN J, JINCHUAN Z. Characteristics of three organic matter pore types in the Wufeng-Longmaxi Shale of the Sichuan Basin, Southwest China [J]. Scientific reports, 2018, 8(1): 7014.

[28] 刘士磊, 王启飞, 龚莹杰, 等. 渤海海域古近纪微体化石组合特征及油气勘探意义 [J]. 地层学杂志, 2012, 36(4): 700-709.

[29] RIEDIGER C, GOODARZI F, MACQUEEN R W. Graptolites as indicators of regional maturity in lower Paleozoic sediments, Selwyn Basin, Yukon and Northwest Territories, Canada [J]. Canadian Journal of Earth Sciences, 1989, 26(10): 2003-2015.

[30] CHEN, JIAYU, RONG, et al. The Global Boundary Stratotype Section and Point (GSSP) for the base of the Hirnantian Stage (the uppermost of the Ordovician System) [J]. Stanford University Press, 2006, 29(3): 183.

[31] 陈旭, 樊隽轩, 张元动, 等. 五峰组及龙马溪组黑色页岩在扬子覆盖区内的划分与圈定 [J]. 地层学杂志, 2015, 39(4): 351-358.

[32] 刘大锰 侯, 蒋金鹏. 笔石组成与结构的微区分析 [J]. 矿物学报, 1996, (1): 53-57.

[33] 马施民, 邹晓艳, 朱炎铭, 等. 川南龙马溪组笔石类生物与页岩气成因相关性研究 [J]. 煤炭科学技术, 2015, 43(4): 106-109.

[34] LI L, FENG H, JANUSSEN D, et al. Unusual Deep Water sponge assemblage in South China—Witness of the end-Ordovician mass extinction [J]. Scientific Reports, 2015,

5: 16060.

[35] ZHENG N, LI T, CHENG M. Middle-Upper Ordovician radiolarians in Hunan and Jiangxi Provinces, South China: Implications for the sedimentary environment and nature of the Nanhua basin [J]. Journal of Asian Earth Sciences, 2019, 179: 261-275.

[36] KHAN M Z, FENG Q, ZHANG K, et al. Biogenic silica and organic carbon fluxes provide evidence of enhanced marine productivity in the Upper Ordovician-Lower Silurian of South China [J]. Palaeogeography, Palaeoclimatology, Palaeoecology, 2019, 534: 109278-109278.

[37] LIU Z, ALGEO T J, GUO X, et al. Paleo-environmental cyclicity in the Early Silurian Yangtze Sea (South China): Tectonic or glacio-eustatic control? [J]. Palaeogeography, Palaeoclimatology, Palaeoecology, 2017, 466: 59-76.

[38] RAN B, LIU S, JANSA L, et al. Origin of the Upper Ordovician-lower Silurian cherts of the Yangtze block, South China, and their palaeogeographic significance [J]. Journal of Asian Earth Sciences, 2015, 108: 1-17.

[39] ZHANG W, HU W, BORJIGIN T, et al. Pore characteristics of different organic matter in black shale: A case study of the Wufeng-Longmaxi Formation in the Southeast Sichuan Basin, China [J]. Marine and Petroleum Geology, 2020, 111: 33-43.

[40] 卢龙飞, 秦建中, 申宝剑, 等. 川东南涪陵地区五峰—龙马溪组硅质页岩的生物成因及其油气地质意义 [J]. 石油实验地质, 2016, 38(4): 460-465, 472.

[41] 于炳松. 页岩气储层孔隙分类与表征 [J]. 地学前缘, 2013, 20(4): 211-220.

[42] LOUCKS R G, REED R M, RUPPEL S C, et al. Spectrum of pore types and networks in mudrocks and a descriptive classification for matrix-related mudrock pores [J]. AAPG Bulletin, 2012, 96(6): 1071-1098.

[43] REED R M, LOUCKS R G, RUPPEL S C. Comment on "Formation of nanoporous pyrobitumen residues during maturation of the Barnett Shale (Fort Worth Basin)" by Bernard et al. (2012) [J]. International Journal of Coal Geology, 2014, 127: 111-113.

[44] WU L, GENG A, WANG P. Oil expulsion in marine shale and its influence on the evolution of nanopores during semi-closed pyrolysis [J]. International Journal of Coal Geology, 2018, 191: 125-134.

[45] WANG P, JIANG Z, CHEN L, et al. Pore structure characterization for the Longmaxi and Niutitang shales in the Upper Yangtze Platform, South China: Evidence from focused ion beam-He ion microscopy, nano-computerized tomography and gas adsorption analysis [J]. Marine and Petroleum Geology, 2016, 77: 1323-1337.

[46] YANG R, HE S, HU Q, et al. Geochemical characteristics and origin of natural gas from Wufeng-Longmaxi shales of the Fuling gas field, Sichuan Basin (China) [J]. International Journal of Coal Geology, 2017, 171: 1-11.

[47] XU S, HAO F, SHU Z, et al. Pore structures of different types of shales and shale gas

exploration of the Ordovician Wufeng and Silurian Longmaxi successions in the eastern Sichuan Basin, South China [J]. Journal of Asian Earth Sciences, 2020, 193 (prepublish): 104271-104271.

[48] 魏祥峰, 刘若冰, 张廷山, 等. 页岩气储层微观孔隙结构特征及发育控制因素: 以川南—黔北××地区龙马溪组为例 [J]. 天然气地球科学, 2013, 24(5): 1048-1059.

[49] GREGG S, SING K. Adsorption, surface area and porosity academic [M]. New York, 1982.

[50] Slatt, R. M., O'Brien, N. R. Pore types in the Barnett and Woodford gas shales: Contribution to understanding gas storage and migrat Lithofacies characterization and sequence stratigraphic framework of some gas-bearing shales within the Horn River Basin and Cordova Embaymen ion pathways in fine-grained rocks [J]. AAPG Bulletin, 2011, 95 (12): 2017-2030.

[51] 郭为, 熊伟, 高树生, 等. 页岩气等温吸附/解吸特征 [J]. 中南大学学报(自然科学版), 2013, 44(7): 2836-2840.

[52] M. JARVIE D, J. HILL R, E. RUBLE T. Unconventional shale-gas systems: The Mississippian Barnett Shale of north-central Texas as one model for thermogenic shale-gas assessment [J]. AAPG Bulletin, 2007, 91(4): 475-499.

[53] CURTIS J B. Fractured Shale-Gas Systems [J]. AAPG Bulletin, 2002, 86(11): 1921-1938.

[54] HAO F, ZOU H, LU Y. Mechanisms of shale gas storage: Implications for shale gas exploration in China [J]. AAPG Bulletin, 2013, 97(8): 1325-1346.

[55] REXER T F, MATHIA E J, APLIN A C, et al. High-Pressure Methane Adsorption and Characterization of Pores in Posidonia Shales and Isolated Kerogens [J]. Energy Fuels, 2014, 28(5): 2886-2901.

[56] TANG X, RIPEPI N, RIGBY S, et al. New perspectives on supercritical methane adsorption in shales and associated thermodynamics [J]. Journal of Industrial and Engineering Chemistry, 2019, 78: 186-197.

[57] BOWKER K A. Barnett Shale gas production, Fort Worth Basin: Issues and discussion [J]. AAPG Bulletin, 2007, 91(4): 523-533.

[58] MENDHE V A, MISHRA S, VARMA A K, et al. Gas reservoir characteristics of the Lower Gondwana Shales in Raniganj Basin of Eastern India [J]. Journal of Petroleum Science and Engineering, 2017, 149: 649-664.

[59] TIAN H, LI T, ZHANG T, et al. Characterization of methane adsorption on overmature Lower Silurian-Upper Ordovician shales in Sichuan Basin, southwest China: Experimental results and geological implications [J]. International Journal of Coal Geology, 2016, 156: 36-49.

[60] REXER T F T, BENHAM M J, APLIN A C, et al. Methane Adsorption on Shale under Simulated Geological Temperature and Pressure Conditions [J]. Energy & Fuels, 2013,

27(May/Jun.): 3099-3109.

[61] WANG Y, ZHU Y, LIU S, et al. Methane adsorption measurements and modeling for organic-rich marine shale samples [J]. Fuel, 2016, 172: 301-309.

[62] ZHOU S, XUE H, NING Y, et al. Experimental study of supercritical methane adsorption in Longmaxi shale: Insights into the density of adsorbed methane [J]. Fuel, 2018, 211: 140-148.

[63] GENSTERBLUM Y, HEMERT P V, BILLEMONT P, et al. European inter-laboratory comparison of high pressure CO_2 sorption isotherms II: Natural coals [J]. International Journal of Coal Geology, 2010, 84(2): 115-124.

[64] CHAREONSUPPANIMIT P, MOHAMMAD S A, ROBINSON R L, et al. High-pressure adsorption of gases on shales: Measurements and modeling [J]. International Journal of Coal Geology, 2012, 95: 34-46.

[65] GASPARIK M, GHANIZADEH A, BERTIER P, et al. High-Pressure Methane Sorption Isotherms of Black Shales from The Netherlands [J]. Energy & Fuels, 2012, 26(Jul./Aug.): 4995-5004.

[66] ROSS D J K, BUSTIN R M. The importance of shale composition and pore structure upon gas storage potential of shale gas reservoirs [J]. Marine and Petroleum Geology, 2008, 26(6): 916-927.

[67] GASPARIK M, BERTIER P, GENSTERBLUM Y, et al. Geological controls on the methane storage capacity in organic-rich shales [J]. International Journal of Coal Geology, 2014, 123: 34-51.

[68] HU H, HAO F, GUO X, et al. Investigation of methane sorption of overmature Wufeng-Longmaxi shale in the Jiaoshiba area, Eastern Sichuan Basin, China [J]. Marine and Petroleum Geology, 2018, 91: 251-261.

[69] ZHANG T, ELLIS G S, RUPPEL S C, et al. Effect of organic-matter type and thermal maturity on methane adsorption in shale-gas systems [J]. Organic Geochemistry, 2012, 47: 120-131.

[70] ZOU J, REZAEE R, XIE Q, et al. Investigation of moisture effect on methane adsorption capacity of shale samples [J]. Fuel, 2018, 232: 323-332.

[71] ARINGHIERI R. NANOPOROSITY CHARACTERISTICS OF SOME NATURAL CLAY MINERALS AND SOILS [J]. Clays and Clay Minerals, 2004, 52(6): 700-704.

[72] ROSS D J K, BUSTIN R M. Shale gas potential of the Lower Jurassic Gordondale Member, northeastern British Columbia, Canada [J]. Bulletin of Canadian Petroleum Geology, 2007, 55(1): 51-75.

[73] 吉利明, 邱军利, 张同伟, 等. 泥页岩主要黏土矿物组分甲烷吸附实验[J]. 地球科学(中国地质大学学报), 2012, 37(5): 1043-1050.

[74] HU H, ZHANG T, WIGGINS-CAMACHO J D, et al. Experimental investigation of changes in methane adsorption of bitumen-free Woodford Shale with thermal maturation induced by hydrous pyrolysis [J]. Marine and Petroleum Geology, 2015, 59: 114-128.

[75] CHATTARAJ S, MOHANTY D, KUMAR T, et al. Thermodynamics, kinetics and modeling of sorption behaviour of coalbed methane-A review [J]. Journal of Unconventional Oil and Gas Resources, 2016, 16: 14-33.

[76] CHEN L, ZUO L, JIANG Z, et al. Mechanisms of shale gas adsorption: Evidence from thermodynamics and kinetics study of methane adsorption on shale [J]. Chemical Engineering Journal, 2018, 361: 559-570.

[77] DANG W, ZHANG J, NIE H, et al. Isotherms, thermodynamics and kinetics of methane-shale adsorption pair under supercritical condition: Implications for understanding the nature of shale gas adsorption process [J]. Chemical Engineering Journal, 2020, 383: 123191-123191.

[78] 周来, 冯启言, 秦勇. CO_2 和 CH_4 在煤基质表面竞争吸附的热力学分析 [J]. 煤炭学报, 2011, 36(8): 1307-1311.

[79] 李希建, 尹鑫, 李维维, 等. 页岩对甲烷高温高压等温吸附的热力学特性 [J]. 煤炭学报, 2018, 43(增刊 1): 229-235.

[80] JI W, SONG Y, JIANG Z, et al. Estimation of marine shale methane adsorption capacity based on experimental investigations of Lower Silurian Longmaxi formation in the Upper Yangtze Platform, south China [J]. Marine and Petroleum Geology, 2015, 68: 94-106.

[81] 陈果. 滨浅湖细粒沉积烃源岩有机质富集机理研究: 以鄂尔多斯盆地盐池-定边地区长 7 段烃源岩为例[D]. 北京: 中国石油大学, 2019.

[82] 丁江辉, 张金川, 石刚, 等. 皖南地区上二叠统大隆组页岩沉积环境与有机质富集机理 [J]. 石油与天然气地质, 2021, 42(1): 158-172.

[83] PEDERSEN T F, CALVERT S E. Anoxia vs. productivity: what controls the formation of organic-carbon-rich sediments and sedimentary rocks? [J]. AAPG Bulletin, 1990, 74(4): 454-466.

[84] 张玉玺, 陈建文, 周江羽. 苏北地区早寒武世黑色页岩地球化学特征与有机质富集模式 [J]. 石油与天然气地质, 2020, 41(4): 838-851.

[85] SAGEMAN B B, MURPHY A E, WERNE J P, et al. A tale of shales: the relative roles of production, decomposition, and dilution in the accumulation of organic-rich strata, Middle-Upper Devonian, Appalachian basin [J]. Chemical Geology, 2003, 195(1): 229-273.

[86] GALLEGO-TORRES D, MARTíNEZ-RUIZ F, PAYTAN A, et al. Pliocene-Holocene evolution of depositional conditions in the eastern Mediterranean: Role of anoxia vs. productivity at time of sapropel deposition [J]. Palaeogeography, Palaeoclimatology, Palaeoecology, 2006, 246(2): 424-439.

[87] MORT H, JACQUAT O, ADATTE T, et al. The Cenomanian/Turonian anoxic event at the Bonarelli Level in Italy and Spain: enhanced productivity and/or better preservation? [J]. Cretaceous Research, 2006, 28(4): 597-612.

[88] JOHNSON IBACH L E. Relationship between sedimentation rate and total organic carbon content in ancient marine sediments [J]. Amassocpetgeol, 1980, 66(2): 170-188.

[89] MURPHY A E, SAGEMAN B B, HOLLANDER D J, et al. Black shale deposition and faunal overturn in the Devonian Appalachian Basin: Clastic starvation, seasonal water - column mixing, and efficient biolimiting nutrient recycling [J]. Paleoceanography, 2000, 15(3): 280-291.

[90] FUHRMAN J. Bacterioplankton Secondary Production Estimates for Coastal Waters of British Columbia, Antarctica, and California [J]. Applied & Environmental Microbiology, 1980, 39(6): 1085-1095.

[91] MINISINI D, ELDRETT J, BERGMAN S C, et al. Chronostratigraphic framework and depositional environments in the organic - rich, mudstone - dominated Eagle Ford Group, Texas, USA [J]. Sedimentology, 2018, 65(5): 1520-1557.

[92] MüLLER P J, SUESS E. Productivity, sedimentation rate, and sedimentary organic matter in the oceans—I. Organic carbon preservation [J]. Deep Sea Research Part A Oceanographic Research Papers, 1979, 26(12): 1347-1362.

[93] ALGEO T J, INGALL E. Sedimentary Corg: P ratios, paleocean ventilation, and Phanerozoic atmospheric pO_2 [J]. Palaeogeography Palaeoclimatology Palaeoecology, 2007, 256(3-4): 130-155.

[94] PAYTAN A, GRIFFITH E M. Marine barite: Recorder of variations in ocean export productivity [J]. Deep-Sea Research Part II, 2007, 54(5-7): 687-705.

[95] J. K. R D, MARC B R. Investigating the use of sedimentary geochemical proxies for paleoenvironment interpretation of thermally mature organic-rich strata: Examples from the Devonian-Mississippian shales, Western Canadian Sedimentary Basin [J]. Chemical Geology, 2008, 260(1): 1-19.

[96] SCHOEPFER S D, SHEN J, WEI H, et al. Total organic carbon, organic phosphorus, and biogenic barium fluxes as proxies for paleomarine productivity [J]. Earth-Science Reviews, 2015, 149: 23-52.

[97] TYSON R V. The "Productivity Versus Preservation" Controversy: Cause, Flaws, and Resolution [J]. Special Publication-SEPM, 2005, 82: 17.

[98] GIOSAN L, FLOOD R D, ALLER R C. Paleoceanographic significance of sediment color on western North Atlantic drifts: I. Origin of color [J]. Marine Geology, 2002, 189(1): 25-41.

[99] 常华进, 储雪蕾, 冯连君, 等. 氧化还原敏感微量元素对古海洋沉积环境的指示意义

[J]. 地质论评, 2009, 55(1): 91-99.
[100] DIDYK B M, SIMONEIT B R T, BRASSELL S C, et al. Organic geochemical indicators of palaeoenvironmental conditions of sedimentation [J]. Nature, 1978, 272(5650): 216-222.
[101] PROKOPENKO M G, HAMMOND D E, BERELSON W M, et al. Nitrogen cycling in the sediments of Santa Barbara basin and Eastern Subtropical North Pacific: Nitrogen isotopes, diagenesis and possible chemosymbiosis between two lithotrophs (Thioploca and Anammox)—"riding on a glider" [J]. Earth and Planetary Science Letters, 2005, 242(1): 186-204.
[102] LI M, CHEN J, WANG T, et al. Nitrogen isotope and trace element composition characteristics of the Lower Cambrian Niutitang Formation shale in the upper-middle Yangtze region, South China [J]. Palaeogeography, Palaeoclimatology, Palaeoecology, 2018, 501: 1-12.
[103] 冯连君, 储雪蕾, 张启锐, 等. 化学蚀变指数(CIA)及其在新元古代碎屑岩中的应用 [J]. 地学前缘, 2003(4): 539-544.
[104] MUNNECKE A, CALNER M, HARPER D A T, et al. Ordovician and Silurian sea-water chemistry, sea level, and climate: A synopsis [J]. Palaeogeography, Palaeoclimatology, Palaeoecology, 2010, 296(3): 389-413.
[105] NESBITT H W, YOUNG G M. Early Proterozoic climates and plate motions inferred from major element chemistry of lutites [J]. Nature, 1982, 299(5885): 715-717.
[106] 吴敬禄, 王苏民. 湖泊沉积物中有机质碳同位素特征及其古气候 [J]. 海洋地质与第四纪地质, 1996(2): 103-109.
[107] 易积正, 何生, 刘琼, 等. 江陵凹陷西南部梅槐桥富生烃洼陷及近源油气成藏 [J]. 地质科技情报, 2009, 28(1): 57-62.
[108] 张文正, 杨华, 解丽琴, 等. 湖底热水活动及其对优质烃源岩发育的影响: 以鄂尔多斯盆地长 7 烃源岩为例 [J]. 石油勘探与开发, 2010, 37(4): 424-429.
[109] XIE S, PANCOST R D, WANG Y, et al. Cyanobacterial blooms tied to volcanism during the 5 m. y. Permo-Triassic biotic crisis [J]. Geology, 2010, 38(5): 447-450.
[110] PARIS F, PARIS F. Les Chitinozoaires dans le Paléozoïque du Sud-Ouest de l'Europe: cadre géologique, étude systématique, biostratigraphie [M]. Société géologique et minéralogique de Bretagne, 1981.
[111] WEI M, ZHANG L, XIONG Y, et al. Nanopore structure characterization for organic-rich shale using the non-local-density functional theory by a combination of N2 and CO2 adsorption [J]. Microporous and Mesoporous Materials, 2016, 227: 88-94.
[112] WASHBURN E W. Note on a method of determining the distribution of pore sizes in a porous material [J]. Proceedings of the National academy of Sciences of the United States of

America, 1921: 115-116.
[113] 俞凌杰, 范明, 陈红宇, 等. 富有机质页岩高温高压重量法等温吸附实验[J]. 石油学报, 2015, 36(5): 557-563.
[114] COCKS L R M, TORSVIK T H. The dynamic evolution of the Palaeozoic geography of eastern Asia [J]. Earth-Science Reviews: The International Geological Journal Bridging the Gap between Research Articles and Textbooks, 2013: 117.
[115] XU C, JIA-YU R, YUE L, et al. Facies patterns and geography of the Yangtze region, South China, through the Ordovician and Silurian transition [J]. Palaeogeography Palaeoclimatology Palaeoecology, 2004, 204(3-4): 353-372.
[116] BOTTING J P, MUIR L A, WENHUIWANG, et al. Sponge-dominated offshore benthic ecosystems across South China in the aftermath of the end-Ordovician mass extinction [J]. Gondwana Research, 2018, 61: 150-171.
[117] ZHAN R, JIN J, LIU J, et al. Meganodular limestone of the Pagoda Formation: A time-specific carbonate facies in the Upper Ordovician of South China [J]. Palaeogeography Palaeoclimatology Palaeoecology, 2016: 349-362.
[118] XU C, M. B S, YUANDONG Z, et al. A regional tectonic event of Katian (Late Ordovician) age across three major blocks of China [J]. Chinese Science Bulletin, 2013, 58(34): 4292-4299.
[119] 苏文博, 李志明, R. ETTENSOHN F, 等. 华南五峰组—龙马溪组黑色岩系时空展布的主控因素及其启示[J]. 地球科学(中国地质大学学报), 2007(6): 819-827.
[120] 陈清, 樊隽轩, 张琳娜. 华南上奥陶统上部五峰组及同期地层的对比和分布[J]. 地层学杂志, 2013, 37(4): 613-614.
[121] Late Ordovician to earliest Silurian graptolite and brachiopod biozonation from the Yangtze region, South China, with a global correlation [J]. Geological Magazine, 2000, 137(6): 623-650.
[122] ZHAO J, JIN Z, JIN Z, et al. Origin of authigenic quartz in organic-rich shales of the Wufeng and Longmaxi Formations in the Sichuan Basin, South China: Implications for pore evolution [J]. Journal of Natural Gas ence and Engineering, 2016, 38: 21-38.
[123] ZHANG J, LI X, WEI Q, et al. Characterization of full-sized pore structure and fractal characteristics of marine-continental transitional Longtan formation shale of Sichuan Basin, South China [J]. Energy & Fuels, 2017, 31(10): 10490-10504.
[124] TAN J Q, HU R N, WANG W H, et al. Palynological analysis of the late Ordovician-early Silurian black shales in South China provides new insights for the investigation of pore systems in shale gas reservoirs [J]. Marine and Petroleum Geology, 2019, 116: 104145-104145.
[125] 申宝剑, 仰云峰, 腾格尔, 等. 四川盆地焦石坝构造区页岩有机质特征及其成烃能力

探讨：以焦页 1 井五峰—龙马溪组为例 [J]. 石油实验地质, 2016, 38(4): 480-488, 495.

[126] JINGQIANG T, RUINING H, WENHUI W, et al. Palynological analysis of the late Ordovician-Early Silurian black shales in south China provides new insights for the investigation of pore systems in shale gas reservoirs [J]. Marine and Petroleum Geology, 2019, 116(prepublish): 104145-104145.

[127] 杜永灯, 沈俊, 冯庆来. 放射虫在生产力和烃源岩研究中的应用 [J]. 地球科学(中国地质大学学报), 2012, 37(增刊 2): 147-155.

[128] MA Q, FENG Q, CAO W, et al. Radiolarian fauna from the Chiungchussuan Shuijingtuo Formation(Cambrian Series 2) in Western Hubei Province, South China [J]. Science China (Earth Sciences), 2019, 62(10): 1645-1658.

[129] DANELIAN T, MOREIRA D. Palaeontological and molecular arguments for the origin of silica-secreting marine organisms [J]. Comptes Rendus Palevol, 2004, 3(3): 229-236.

[130] 王玉净, 张元动. 江苏仑山地区上奥陶统五峰组放射虫动物群及其地质意义 [J]. 微体古生物学报, 2011, 28(3): 251-260.

[131] 张照, 罗辉, 张元动. 江苏仑山地区和湖北宜昌地区上奥陶统五峰组放射虫动物群 [J]. 微体古生物学报, 2018, 35(2): 170-180.

[132] PAROLIN M, VOLKMER-RIBEIRO C, STEVAUX J C. Sponge spicules in peaty sediments as paleoenvironmental indicators of the Holocene in the upper Paraná River, Brazil [J]. Revista Brasileira de Paleontologia, 2007, 10(1): 17-26.

[133] CHANG S, FENG Q, CLAUSEN S, et al. Sponge spicules from the lower Cambrian in the Yanjiahe Formation, South China: The earliest biomineralizing sponge record [J]. Palaeogeography, Palaeoclimatology, Palaeoecology, 2017, 474: 36-44.

[134] WEAVER J C, PIETRASANTA L I, HEDIN N, et al. Nanostructural features of demosponge biosilica [J]. Journal of Structural Biology, 2003, 144(3): 271-281.

[135] EVITT W R. A discussion and proposals concerning fossil dinoflagellates, hystrichospheres, and acritarchs, I [J]. Proceedings of the National Academy of Sciences, 1963, 49(2): 158-164.

[136] STROTHER P K. A speculative review of factors controlling the evolution of phytoplankton during Paleozoic time [J]. Revue de micropaléontologie, 2008, 51(1): 9-21.

[137] SERVAIS T, MOLYNEUX S G, LI J, et al. First Appearance Datums (FADs) of selected acritarch taxa and correlation between Lower and Middle Ordovician [J]. Lethaia, 2018, 51(2): 228-253.

[138] 杨振恒, 翟常博, 邓模, 等. 彭水及邻区五峰——龙马溪组成烃生物特征及意义 [J]. 油气藏评价与开发, 2019, 9(5): 40-44, 62.

[139] PIETZNER H. Zur chemischen zusammensetzung und mikromorphologie der conodonten

[J]. Palaeontographica Abt A, 1968, 128: 115-152.

[140] MüLLER K J. Conodonts and other phosphatic microfossils [M]. Amsterdam. Introduction to Marine Micropaleontology, 1998: 277-291.

[141] LAI X, JIANG H, WIGNALL P B. A review of the Late Permian-Early Triassic conodont record and its significance for the end-Permian mass extinction [J]. Revue de Micropaléontologie, 2018, 61(3-4): 155-164.

[142] RIGO M, MAZZA M, KARáDI V, et al. New Upper Triassic conodont biozonation of the Tethyan realm [J]. The late Triassic world: Earth in a time of transition, 2018: 189-235.

[143] WRIGHT J. Conodont apatite: structure and geochemistry [J]. Skeletal Biomineralization: Patterns, Processes and Evolutionary Trends, 1990, 1: 445-459.

[144] PARIS F, NõLVAK J. Biological interpretationand paleobiodiversity of a cryptic fossil group: The "chitinozoan animal" [J]. Geobios, 1999, 32(2): 315-324.

[145] LIANG Y, HINTS O, TANG P, et al. Fossilized reproductive modes reveal a protistan affinity of Chitinozoa [J]. Geology, 2020, 48(12): 1200-1204.

[146] VANDENBROUCKE T R, ARMSTRONG H A, WILLIAMS M, et al. Epipelagic chitinozoan biotopes map a steep latitudinal temperature gradient for earliest Late Ordovician seas: implications for a cooling Late Ordovician climate [J]. Palaeogeography, Palaeoclimatology, Palaeoecology, 2010, 294(3-4): 202-219.

[147] JACOB J, PARIS F, MONOD O, et al. New insights into the chemical composition of chitinozoans [J]. Organic Geochemistry, 2007, 38(10): 1782-1788.

[148] HINTS O, PARIS F. Late Ordovician scolecodonts from the Qusaiba-1 core hole, central Saudi Arabia, and their paleogeographical affinities [J]. Review of palaeobotany and palynology, 2015, 212: 85-96.

[149] HARTKOPF-FRöDER C, KöNIGSHOF P, LITTKE R, et al. Optical thermal maturity parameters and organic geochemical alteration at low grade diagenesis to anchimetamorphism: A review [J]. International Journal of Coal Geology, 2015, 150: 74-119.

[150] LUO Q, ZHONG N, DAI N, et al. Graptolite-derived organic matter in the Wufeng-Longmaxi Formations (Upper Ordovician-Lower Silurian) of southeastern Chongqing, China: Implications for gas shale evaluation [J]. International Journal of Coal Geology, 2016, 153: 87-98.

[151] 邱振，董大忠，卢斌，等. 中国南方五峰组—龙马溪组页岩中笔石与有机质富集关系探讨 [J]. 沉积学报，2016，34(6)：1011-1020.

[152] SERVAIS T. Some considerations on acritarch classification [J]. Review of Palaeobotany and Palynology, 1996, 93(1-4): 9-22.

[153] HINTS O, DELABROYE A, NõLVAK J, et al. Biodiversity patterns of Ordovician marine microphytoplankton from Baltica: comparison with other fossil groups and sea-

level changes [J]. Palaeogeography, Palaeoclimatology, Palaeoecology, 2010, 294(3-4): 161-173.

[154] KAISER M J. Marine ecology: processes, systems, and impacts [M]. New York: Oxford University Press, 2011.

[155] 赵建华, 金之钧, 金振奎, 等. 四川盆地五峰组—龙马溪组含气页岩中石英成因研究 [J]. 天然气地球科学, 2016, 27(2): 377-386.

[156] RAGUENEAU O, TRéGUER P, LEYNAERT A, et al. A review of the Si cycle in the modern ocean: recent progress and missing gaps in the application of biogenic opal as a paleoproductivity proxy [J]. Global and Planetary Change, 2000, 26(4): 317-365.

[157] MONTGOMERY S L, JARVIE D M, BOWKER K A, et al. Mississippian Barnett Shale, Fort Worth basin, north-central Texas: Gas-shale play with multi-trillion cubic foot potential [J]. AAPG bulletin, 2005, 89(2): 155-175.

[158] DENNETT M R, CARON D A, MICHAELS A F, et al. Video plankton recorder reveals high abundances of colonial Radiolaria in surface waters of the central North Pacific [J]. Journal of Plankton Research, 2002, 24(8): 797-805.

[159] 张兰兰, 陈木宏, 向荣, 等. 放射虫现代生态学的研究进展及其应用前景: 利用放射虫化石揭示古海洋、古环境的基础研究 [J]. 地球科学进展, 2006(5): 474-481.

[160] DE WEVER P, DUMITRICA P, CAULET J P, et al. Radiolarians in the sedimentary record [M]. London: CRC Press, 2002.

[161] MILLIKEN K L, RUDNICKI M, AWWILLER D N, et al. Organic matter-hosted pore system, Marcellus formation (Devonian), Pennsylvania [J]. AAPG bulletin, 2013, 97(2): 177-200.

[162] SLATT R M, RODRIGUEZ N D. Comparative sequence stratigraphy and organic geochemistry of gas shales: commonality or coincidence? [J]. Journal of Natural Gas Science and Engineering, 2012, 8: 68-84.

[163] HULSEY K. Lithofacies characterization and sequence stratigraphic framework of some gas-bearing shales within the Horn River Basin and Cordova Embayment [C]. Canada, 2011.

[164] LOUCKS R G, REED R M. Scanning-electron-microscope petrographic evidence for distinguishing organic-matter pores associated with depositional organic matter versus migrated organic matter in mudrock [J]. GCAGS Journal, 2014, 3: 51-60.

[165] SING K S. Reporting physisorption data for gas/solid systems with special reference to the determination of surface area and porosity (Recommendations 1984) [J]. Pure and applied chemistry, 1985, 57(4): 603-619.

[166] WANG Y, LIU L, ZHENG S, et al. Full-scale pore structure and its controlling factors of the Wufeng-Longmaxi shale, southern Sichuan Basin, China: Implications for pore evolution of highly overmature marine shale [J]. Journal of Natural Gas Science and Engineering,

2019, 67: 134-146.

[167] GREGG S J, SING K S W, SALZBERG H. Adsorption surface area and porosity [J]. Journal of The electrochemical society, 1967, 114(11): 279Ca.

[168] RINE J M, SMART E, DORSEY W, et al. Comparison of Porosity Distribution within Selected North American Shale Units by SEM Examination of Argon-Ion Milled Samples [J]. AAPG Memoir, 2014, 102: 137-152.

[169] GENSTERBLUM Y, VAN HEMERT P, BILLEMONT P, et al. European inter-laboratory comparison of high pressure CO_2 sorption isotherms. I: Activated carbon [J]. Carbon, 2009, 47(13): 2958-2969.

[170] SETZMANN U, WAGNER W. A new equation of state and tables of thermodynamic properties for methane covering the range from the melting line to 625 K at pressures up to 1000 MPa [J]. Journal of Physical and Chemical reference data, 1991, 20(6): 1061-1155.

[171] TAN J, WENIGER P, KROOSS B, et al. Shale gas potential of the major marine shale formations in the Upper Yangtze Platform, South China, Part II: Methane sorption capacity [J]. Fuel, 2014, 129: 204-218.

[172] LI J, ZHOU S, GAUS G, et al. Characterization of methane adsorption on shale and isolated kerogen from the Sichuan Basin under pressure up to 60 MPa: Experimental results and geological implications [J]. International Journal of Coal Geology, 2018, 189: 83-93.

[173] ZHOU S, WANG H, ZHANG P, et al. Investigation of the isosteric heat of adsorption for supercritical methane on shale under high pressure [J]. Adsorption Science & Technology, 2019, 37(7-8): 590-606.

[174] MYERS A, MONSON P. Adsorption in porous materials at high pressure: theory and experiment [J]. Langmuir, 2002, 18(26): 10261-10273.

[175] HO T M, HOWES T, BHANDARI B R. Encapsulation of gases in powder solid matrices and their applications: a review [J]. Powder technology, 2014, 259: 87-108.

[176] CHEN L, JIANG Z, LIU Q, et al. Mechanism of shale gas occurrence: Insights from comparative study on pore structures of marine and lacustrine shales [J]. Marine and Petroleum Geology, 2019, 104: 200-216.

[177] HE Q, DONG T, HE S, et al. Methane adsorption capacity of marine-continental transitional facies shales: The case study of the Upper Permian Longtan Formation, northern Guizhou Province, Southwest China [J]. Journal of Petroleum Science and Engineering, 2019, 183: 106406.

[178] MA Y, LU Y, LIU X, et al. Depositional environment and organic matter enrichment of the lower Cambrian Niutitang shale in western Hubei Province, South China [J]. Marine and Petroleum Geology, 2019, 109: 381-393.

[179] CHALMERS G R, BUSTIN R M. Lower Cretaceous gas shales in northeastern British Columbia, Part I: geological controls on methane sorption capacity [J]. Bulletin of Canadian petroleum geology, 2008, 56(1): 1-21.

[180] CHAI J, LIU S, YANG X. Molecular dynamics simulation of wetting on modified amorphous silica surface [J]. Applied surface science, 2009, 255(22): 9078-9084.

[181] CRAWFORD R, KOOPAL L K, RALSTON J. Contact angles on particles and plates [J]. Colloids and Surfaces, 1987, 27(4): 57-64.

[182] YAN D, CHEN D, WANG Q, et al. Large-scale climatic fluctuations in the latest Ordovician on the Yangtze block, south China [J]. Geology, 2010, 38(7): 599-602.

[183] YANG S, HU W, WANG X, et al. Duration, evolution, and implications of volcanic activity across the Ordovician-Silurian transition in the Lower Yangtze region, South China [J]. Earth and Planetary Science Letters, 2019, 518: 13-25.

[184] KHAN M Z, FENG Q, ZHANG K, et al. Biogenic silica and organic carbon fluxes provide evidence of enhanced marine productivity in the Upper Ordovician-Lower Silurian of South China [J]. Palaeogeography, palaeoclimatology, palaeoecology, 2019, 534: 109278.

[185] GUO T. Evaluation of highly thermally mature shale-gas reservoirs in complex structural parts of the Sichuan Basin [J]. Journal of Earth Science, 2013, 24(6): 863-873.

[186] JIN Z, NIE H, LIU Q, et al. Coevolutionary dynamics of organic-inorganic interactions, hydrocarbon generation, and shale gas reservoir preservation: A case study from the Upper Ordovician Wufeng and Lower Silurian Longmaxi formations, Fuling shale gas field, eastern Sichuan Basin [J]. Geofluids, 2020, 2020: 1-21.

[187] WU H, XIONG L, GE Z, et al. Fine characterization and target window optimization of high-quality shale gas reservoirs in the Weiyuan area, Sichuan Basin [J]. Natural Gas Industry B, 2019, 6(5): 463-471.

[188] WANG Y, XU S, HAO F, et al. Geochemical and petrographic characteristics of Wufeng-Longmaxi shales, Jiaoshiba area, southwest China: Implications for organic matter differential accumulation [J]. Marine and Petroleum Geology, 2019, 102: 138-154.

[189] JIANG S-Y, ZHAO H-X, CHEN Y-Q, et al. Trace and rare earth element geochemistry of phosphate nodules from the lower Cambrian black shale sequence in the Mufu Mountain of Nanjing, Jiangsu province, China [J]. Chemical Geology, 2007, 244(3-4): 584-604.

[190] 李艳芳，邵德勇，吕海刚，等. 四川盆地五峰组—龙马溪组海相页岩元素地球化学特征与有机质富集的关系 [J]. 石油学报，2015，36(12)：1470-1483.

[191] TRIBOVILLARD N, ALGEO T J, LYONS T, et al. Trace metals as paleoredox and paleoproductivity proxies: an update [J]. Chemical geology, 2006, 232(1-2): 12-32.

[192] ROSS D J, BUSTIN R M. Investigating the use of sedimentary geochemical proxies for paleoenvironment interpretation of thermally mature organic-rich strata: Examples from the

Devonian-Mississippian shales, Western Canadian Sedimentary Basin [J]. Chemical Geology, 2009, 260(1-2): 1-19.

[193] TAYLORSR M. The continental crust: its composition and evolution [J]. Blackwell Scientific Publications, Oxford, 1985: 1-328.

[194] ALGEO T J, TRIBOVILLARD N. Environmental analysis of paleoceanographic systems based on molybdenum-uranium covariation [J]. Chemical Geology, 2009, 268(3-4): 211-225.

[195] ALGEO T J, INGALL E. Sedimentary Corg: P ratios, paleocean ventilation, and Phanerozoic atmospheric pO_2 [J]. Palaeogeography, Palaeoclimatology, Palaeoecology, 2007, 256(3-4): 130-155.

[196] BENNETT W W, CANFIELD D E. Redox-sensitive trace metals as paleoredox proxies: A review and analysis of data from modern sediments [J]. Earth-Science Reviews, 2020, 204: 103175.

[197] RIMMER S M. Geochemical paleoredox indicators in Devonian-Mississippian black shales, central Appalachian Basin (USA) [J]. Chemical Geology, 2004, 206(3-4): 373-391.

[198] WIGNALL P B, TWITCHETT R J. Oceanic anoxia and the end Permian mass extinction [J]. Science, 1996, 272(5265): 1155-1158.

[199] JONES B, MANNING D A. Comparison of geochemical indices used for the interpretation of palaeoredox conditions in ancient mudstones [J]. Chemical geology, 1994, 111(1-4): 111-129.

[200] ALGEO T J, LI C. Redox classification and calibration of redox thresholds in sedimentary systems [J]. Geochimica et Cosmochimica Acta, 2020, 287: 8-26.

[201] ARNOLD G L, ANBAR A, BARLING J, et al. Molybdenum isotope evidence for widespread anoxia in mid-Proterozoic oceans [J]. science, 2004, 304(5667): 87-90.

[202] BRENNECKA G A, HERRMANN A D, ALGEO T J, et al. Rapid expansion of oceanic anoxia immediately before the end-Permian mass extinction [J]. Proceedings of the National Academy of Sciences, 2011, 108(43): 17631-17634.

[203] LU X, DAHL T W, ZHENG W, et al. Estimating ancient seawater isotope compositions and global ocean redox conditions by coupling the molybdenum and uranium isotope systems of euxinic organic-rich mudrocks [J]. Geochimica et Cosmochimica Acta, 2020, 290: 76-103.

[204] ALGEO T J, LYONS T W. Mo-total organic carbon covariation in modern anoxic marine environments: Implications for analysis of paleoredox and paleohydrographic conditions [J]. Paleoceanography, 2006, 21(1).

[205] NOORDMANN J, WEYER S, MONTOYA-PINO C, et al. Uranium and molybdenum isotope systematics in modern euxinic basins: Case studies from the central Baltic Sea and

the Kyllaren fjord (Norway) [J]. Chemical Geology, 2015, 396: 182-195.

[206] ZHENG Y, ANDERSON R F, VAN GEEN A, et al. Remobilization of authigenic uranium in marine sediments by bioturbation [J]. Geochimica et Cosmochimica Acta, 2002, 66 (10): 1759-1772.

[207] HELZ G, MILLER C, CHARNOCK J, et al. Mechanism of molybdenum removal from the sea and its concentration in black shales: EXAFS evidence [J]. Geochimica et Cosmochimica Acta, 1996, 60(19): 3631-3642.

[208] TRIBOVILLARD N, ALGEO T, BAUDIN F, et al. Analysis of marine environmental conditions based onmolybdenum-uranium covariation—Applications to Mesozoic paleoceanography [J]. Chemical Geology, 2012, 324: 46-58.

[209] MILLS D B, WARD L M, JONES C, et al. Oxygen requirements of the earliest animals [J]. Proceedings of the National Academy of Sciences, 2014, 111(11): 4168-4172.

[210] GRADSTEIN F, OGG J G, SCHMITZ M D, et al. The geologic time scale 2012 [M]. Boston: Elsevier, 2012.

[211] YAN C, JIN Z, ZHAO J, et al. Influence of sedimentary environment on organic matter enrichment in shale: A case study of the Wufeng and Longmaxi Formations of the Sichuan Basin, China [J]. Marine and Petroleum Geology, 2018, 92: 880-894.

[212] YAN D, LI S, FU H, et al. Mineralogy and geochemistry of Lower Silurian black shales from the Yangtze platform, South China [J]. International Journal of Coal Geology, 2021, 237: 103706.

[213] ALGEO T J, ROWE H. Paleoceanographic applications of trace-metal concentration data [J]. Chemical Geology, 2012, 324: 6-18.

[214] SHEN J, ALGEO T J, CHEN J, et al. Mercury in marine Ordovician/Silurian boundary sections of South China is sulfide-hosted and non-volcanic in origin [J]. Earth and Planetary Science Letters, 2019, 511: 130-140.

[215] HORNER T J, LITTLE S, CONWAY T M, et al. Bioactive trace metals and their isotopes as paleoproductivity proxies: An assessment using GEOTRACES - era data [J]. Global Biogeochemical Cycles, 2021, 35(11): e2020GB006814.

[216] 罗情勇，钟宁宁，朱雷，等. 华北北部中元古界洪水庄组埋藏有机碳与古生产力的相关性 [J]. 科学通报，2013，58(11)：1036-1047.

[217] 张水昌，张宝民，边立曾，等. 中国海相烃源岩发育控制因素 [J]. 地学前缘，2005(3)：39-48.

[218] PARSONS T R, TAKAHASHI M, HARGRAVE B. Biological oceanographic processes [M]. Oxford: Elsevier, 2013.

[219] 腾格尔，刘文汇，徐永昌，等. 缺氧环境及地球化学判识标志的探讨：以鄂尔多斯盆地为例 [J]. 沉积学报，2004(2)：365-372.

[220] DYMOND J, SUESS E, LYLE M. Barium in deep - sea sediment: A geochemical proxy for paleoproductivity [J]. Paleoceanography, 1992, 7(2): 163-181.

[221] PFEIFER K, KASTEN S, HENSEN C, et al. Reconstruction of primary productivity from the barium contents in surface sediments of the South Atlantic Ocean [J]. Marine Geology, 2001, 177(1-2): 13-24.

[222] FRANCOIS R, HONJO S, MANGANINI S J, et al. Biogenic barium fluxes to the deep sea: Implications for paleoproductivity reconstruction [J]. Global Biogeochemical Cycles, 1995, 9(2): 289-303.

[223] REOLID M, RODRíGUEZ-TOVAR F J, MAROK A, et al. The Toarcian oceanic anoxic event in the Western Saharan Atlas, Algeria (North African paleomargin): role of anoxia and productivity [J]. Bulletin, 2012, 124(9-10): 1646-1664.

[224] ALGEO T J, MAYNARD J B. Trace-element behavior and redox facies in core shales of Upper Pennsylvanian Kansas-type cyclothems [J]. Chemical geology, 2004, 206(3-4): 289-318.

[225] TANAKA S, TAKAHASHI K. Late Quaternary paleoceanographic changes in the Bering Sea and the western subarctic Pacific based on radiolarian assemblages [J]. Deep Sea Research Part II: Topical Studies in Oceanography, 2005, 52(16-18): 2131-2149.

[226] AMON E, VISHNEVSKAYA V, GATOVSKII Y A, et al. On the diversity of microfossils in the Bazhenov Horizon of Western Siberia (Late Jurassic-Early Cretaceous) [J]. Georesursy =Georesources, 2021, 23: 118-131.

[227] YAMASHITA H, TAKAHASHI K, FUJITANI N. Zonal and vertical distribution of radiolarians in the western and central Equatorial Pacific in January 1999 [J]. Deep Sea Research Part II: Topical Studies in Oceanography, 2002, 49(13-14): 2823-2862.

[228] POHL A, DONNADIEU Y, LE HIR G, et al. The climatic significance of Late Ordovician - early Silurian black shales [J]. Paleoceanography, 2017, 32(4): 397-423.

[229] 孟楚洁，胡文瑄，贾东，等. 宁镇地区上奥陶统五峰组—下志留统高家边组底部黑色岩系地球化学特征与沉积环境分析 [J]. 地学前缘，2017，24(6)：300-311.

[230] SWEERE T, VAN DEN BOORN S, DICKSON A J, et al. Definition of new trace-metal proxies for the controls on organic matter enrichment in marine sediments based on Mn, Co, Mo and Cd concentrations [J]. Chemical Geology, 2016, 441: 235-245.

[231] MORT H, JACQUAT O, ADATTE T, et al. The Cenomanian/Turonian anoxic event at the Bonarelli Level in Italy and Spain: enhanced productivity and/or better preservation? [J]. Cretaceous Research, 2007, 28(4): 597-612.

[232] TYSON R. Sedimentation rate, dilution, preservation and total organic carbon: some results of a modelling study [J]. Organic Geochemistry, 2001, 32(2): 333-339.

[233] ZHOU L, ALGEO T J, SHEN J, et al. Changes in marine productivity and redox conditions

during the Late Ordovician Hirnantian glaciation [J]. Palaeogeography, Palaeoclimatology, Palaeoecology, 2015, 420: 223-234.

[234] KLEMME H, ULMISHEK G F. Effective petroleum source rocks of the world: stratigraphic distribution and controlling depositional factors (1) [J]. AAPG bulletin, 1991, 75(12): 1809-1851.

[235] DU Y, SHEN J, FENG Q. Applications of radiolarian for productivity and hydrocarbon-source rocks [J]. Earth Sci J China Univ Geosci, 2012, 37: 147-155.

[236] MCCLINTOCK J. Investigation of the relationship between invertebrate predation and biochemical composition, energy content, spicule armament and toxicity of benthic sponges at McMurdo Sound, Antarctica [J]. Marine Biology, 1987, 94: 479-487.

[237] TAN J, HU R, WANG W, et al. Palynological analysis of the late Ordovician-early Silurian black shales in South China provides new insights for the investigation of pore systems in shale gas reservoirs [J]. Marine and Petroleum Geology, 2020, 116: 104145.

[238] DENG Y, FAN J, ZHANG S, et al. Timing and patterns of the great Ordovician biodiversification event and Late Ordovician mass extinction: perspectives from South China [J]. Earth-Science Reviews, 2021, 220: 103743.

[239] FAN J, MELCHIN M. Carbon isotopes and event stratigraphy near the Ordovician-Silurian boundary, Yichang, South China [J]. Palaeogeography, Palaeoclimatology, Palaeoecology, 2009, 276(1-4): 160-169.

[240] YANG X, YAN D, CHEN D, et al. Spatiotemporal variations of sedimentary carbon and nitrogen isotopic compositions in the Yangtze Shelf Sea across the Ordovician-Silurian boundary [J]. Palaeogeography, Palaeoclimatology, Palaeoecology, 2021, 567: 110257.

[241] SEPKOSKI JR J J. Patterns of Phanerozoic extinction: a perspective from global data bases [M]. Global Events and Event Stratigraphy in the Phanerozoic: Results of the International Interdisciplinary Cooperation in the IGCP-Project 216 "Global Biological Events in Earth History". Springer. 1996: 35-51.

[242] SHEEHAN P M. The late Ordovician mass extinction [J]. Annual Review of Earth and Planetary Sciences, 2001, 29(1): 331-364.

[243] BARTLETT R, ELRICK M, WHEELEY J R, et al. Abrupt global-ocean anoxia during the Late Ordovician-early Silurian detected using uranium isotopes of marine carbonates [J]. Proceedings of the National Academy of Sciences, 2018, 115(23): 5896-5901.

[244] ZOU C, QIU Z, POULTON S W, et al. Ocean euxinia and climate change "double whammy" drove the Late Ordovician mass extinction [J]. Geology, 2018, 46(6): 535-538.

[245] JONES D S, MARTINI A M, FIKE D A, et al. A volcanic trigger for the Late Ordovician mass extinction? Mercury data from south China and Laurentia [J]. Geology,

2017, 45(7): 631-634.
[246] HU R, TAN J, DICK J, et al. Depositional conditions of siliceous microfossil-rich shale during the Ordovician-Silurian transition of south China: Implication for organic matter enrichment [J]. Marine and Petroleum Geology, 2023, 154: 106307.
[247] LIU Y, LI C, ALGEO T J, et al. Global and regional controls on marine redox changes across the Ordovician-Silurian boundary in South China [J]. Palaeogeography, Palaeoclimatology, Palaeoecology, 2016, 463: 180-191.
[248] DETIAN Y, DAIZHAO C, QINGCHEN W, et al. Predominance of stratified anoxic Yangtze Sea interrupted by short-term oxygenation during the Ordo-Silurian transition [J]. Chemical Geology, 2012, 291: 69-78.
[249] CANFIELD D E, GLAZER A N, FALKOWSKI P G. The evolution and future of Earth's nitrogen cycle [J]. science, 2010, 330(6001): 192-196.
[250] 王丹, 朱祥坤, 凌洪飞. 氮的生物地球化学循环及氮同位素指标在古海洋环境研究中的应用 [J]. 地质学报, 2015, 89(增刊 1): 74-76.
[251] CAPONE D G, ZEHR J P, PAERL H W, et al. Trichodesmium, a globally significant marine cyanobacterium [J]. Science, 1997, 276(5316): 1221-1229.
[252] OHKOUCHI N, NAKAJIMA Y, OKADA H, et al. Biogeochemical processes in the saline meromictic Lake Kaiike, Japan: implications from molecular isotopic evidences of photosynthetic pigments [J]. Environmental Microbiology, 2005, 7(7): 1009-1016.
[253] BRANDES J A, DEVOL A H. A global marine - fixed nitrogen isotopic budget: Implications for Holocene nitrogen cycling [J]. Global biogeochemical cycles, 2002, 16 (4): 67-61-67-14.
[254] MöBIUS J. Isotope fractionation during nitrogen remineralization (ammonification): Implications for nitrogen isotope biogeochemistry [J]. Geochimica et Cosmochimica Acta, 2013, 105: 422-432.
[255] LIPSCHULTZ F, WOFSY S, WARD B, et al. Bacterial transformations of inorganic nitrogen in the oxygen-deficient waters of the Eastern Tropical South Pacific Ocean [J]. Deep Sea Research Part A Oceanographic Research Papers, 1990, 37(10): 1513-1541.
[256] GRANGER J, SIGMAN D M, LEHMANN M F, et al. Nitrogen and oxygen isotope fractionation during dissimilatory nitrate reduction by denitrifying bacteria [J]. Limnology and Oceanography, 2008, 53(6): 2533-2545.
[257] PROKOPENKO M, HAMMOND D, BERELSON W, et al. Nitrogen cycling in the sediments of Santa Barbara basin and Eastern Subtropical North Pacific: Nitrogen isotopes, diagenesis and possible chemosymbiosis between two lithotrophs (Thioploca and Anammox)—"riding on a glider" [J]. Earth and Planetary Science Letters, 2006, 242 (1-2): 186-204.

[258] ADER M, THOMAZO C, SANSJOFRE P, et al. Interpretation of the nitrogen isotopic composition of Precambrian sedimentary rocks: Assumptions and perspectives [J]. Chemical Geology, 2016, 429: 93-110.

[259] LIU Y, MAGNALL J M, GLEESON S A, et al. Spatio-temporal evolution of ocean redox and nitrogen cycling in the early Cambrian Yangtze ocean [J]. Chemical Geology, 2020, 554: 119803.

[260] LI M, LUO Q, CHEN J, et al. Redox conditions and nitrogen cycling in the late Ordovician Yangtze Sea (South China) [J]. Palaeogeography, Palaeoclimatology, Palaeoecology, 2021, 567: 110305.

[261] YANG S, HU W, WANG X, et al. Nitrogen isotope evidence for a redox-stratified ocean and eustasy-driven environmental evolution during the Ordovician-Silurian transition [J]. Global and Planetary Change, 2021, 207: 103682.

[262] CHANG C, WANG Z, HUANG K-J, et al. Nitrogen cycling during the peak Cambrian explosion [J]. Geochimica et Cosmochimica Acta, 2022, 336: 50-61.

[263] STüEKEN E E. A test of the nitrogen-limitation hypothesis for retarded eukaryote radiation: Nitrogen isotopes across a Mesoproterozoic basinal profile [J]. Geochimica et Cosmochimica Acta, 2013, 120: 121-139.

[264] HIGGINS M B, ROBINSON R S, HUSSON J M, et al. Dominant eukaryotic export production during ocean anoxic events reflects the importance of recycled NH_4^+ [J]. Proceedings of the National Academy of Sciences, 2012, 109(7): 2269-2274.

[265] JUNIUM C K, ARTHUR M A. Nitrogen cycling during the Cretaceous, Cenomanian - Turonian oceanic anoxic event II [J]. Geochemistry, Geophysics, Geosystems, 2007, 8(3).

[266] FALKOWSKI P G. Evolution of the nitrogen cycle and its influence on the biological sequestration of CO2 in the ocean [J]. Nature, 1997, 387(6630): 272-275.

[267] DU Y, SONG H, TONG J, et al. Changes in productivity associated with algal-microbial shifts during the Early Triassic recovery of marine ecosystems [J]. Bulletin, 2021, 133 (1-2): 362-378.

[268] CHEN Y, CAI C, QIU Z, et al. Evolution of nitrogen cycling and primary productivity in the tropics during the Late Ordovician mass extinction [J]. Chemical Geology, 2021, 559: 119926.

[269] DELABROYE A, MUNNECKE A, VECOLI M, et al. Phytoplankton dynamics across the Ordovician/Silurian boundary at low palaeolatitudes: Correlations with carbon isotopic and glacial events [J]. Palaeogeography, Palaeoclimatology, Palaeoecology, 2011, 312(1-2): 79-97.

[270] SHEN J, PEARSON A, HENKES G A, et al. Improved efficiency of the biological pump as

a trigger for the Late Ordovician glaciation [J]. Nature Geoscience, 2018, 11(7): 510-514.

[271] CAO C, LOVE G D, HAYS L E, et al. Biogeochemical evidence for euxinic oceans and ecological disturbance presaging the end-Permian mass extinction event [J]. Earth and Planetary Science Letters, 2009, 281(3-4): 188-201.

[272] ROHRSSEN M, LOVE G D, FISCHER W, et al. Lipid biomarkers record fundamental changes in the microbial community structure of tropical seas during the Late Ordovician Hirnantian glaciation [J]. Geology, 2013, 41(2): 127-130.

[273] LIU Y, LI C, FAN J, et al. Elevated marine productivity triggered nitrogen limitation on the Yangtze Platform (South China) during the Ordovician-Silurian transition [J]. Palaeogeography, Palaeoclimatology, Palaeoecology, 2020, 554: 109833.

[274] HARPER D A, HAMMARLUND E U, RASMUSSEN C M. End Ordovician extinctions: a coincidence of causes [J]. Gondwana Research, 2014, 25(4): 1294-1307.

[275] CHEN Y, CAI C, QIU Z, et al. Evolution of nitrogen cycling and primary productivity in the tropics during the Late Ordovician mass extinction [J]. Chemical Geology, 2020, 559.

[276] LUO G L, GENMING, ALGEO T A, et al. Perturbation of the marine nitrogen cycle during the Late Ordovician glaciation and mass extinction [J]. Palaeogeography Palaeoclimatology Palaeoecology, 2016, 448(SI): 339-348.

[277] YAN D, CHEN D, WANG Q, et al. Carbon and sulfur isotopic anomalies across the Ordovician-Silurian boundary on the Yangtze Platform, South China [J]. Palaeogeography, Palaeoclimatology, Palaeoecology, 2009, 274(1-2): 32-39.

[278] PINTI D L, HASHIZUME K, SUGIHARA A, et al. Isotopic fractionation of nitrogen and carbon in Paleoarchean cherts from Pilbara craton, Western Australia: Origin of 15N-depleted nitrogen [J]. Geochimica et Cosmochimica Acta, 2009, 73(13): 3819-3848.

[279] STüEKEN E E, KIPP M A, KOEHLER M C, et al. The evolution of Earth's biogeochemical nitrogen cycle [J]. Earth-Science Reviews, 2016, 160: 220-239.

[280] WANG X, JIANG G, SHI X, et al. Nitrogen isotope constraints on the early Ediacaran ocean redox structure [J]. Geochimica et Cosmochimica Acta, 2018, 240: 220-235.

[281] ALGEO T J, MARENCO P J, SALTZMAN M R. Co-evolution of oceans, climate, and the biosphere during the 'Ordovician Revolution': a review [J]. Palaeogeography, Palaeoclimatology, Palaeoecology, 2016, 458: 1-11.

[282] CALVERT S. Beware intercepts: interpreting compositional ratios in multi-component sediments and sedimentary rocks [J]. Organic Geochemistry, 2004, 35(8): 981-987.

[283] LEHMANN M F, BERNASCONI S M, BARBIERI A, et al. Preservation of organic matter and alteration of its carbon and nitrogen isotope composition during simulated and in situ early sedimentary diagenesis [J]. Geochimica et Cosmochimica Acta, 2002, 66(20):

3573-3584.

[284] THUNELL R C, SIGMAN D M, MULLER-KARGER F, et al. Nitrogen isotope dynamics of the Cariaco Basin, Venezuela [J]. Global Biogeochemical Cycles, 2004, 18(3).

[285] ADER M, SANSJOFRE P, HALVERSON G P, et al. Ocean redox structure across the Late Neoproterozoic Oxygenation Event: a nitrogen isotope perspective [J]. Earth and Planetary Science Letters, 2014, 396: 1-13.

[286] THOMAZO C, PAPINEAU D. Biogeochemical cycling of nitrogen on the early Earth [J]. Elements, 2013, 9(5): 345-351.

[287] REDFIELD A C. On the proportions of organic derivatives in sea water and their relation to the composition of plankton [M]. Liverpool: University press of liverpool Liverpool, 1934.

[288] XIAO H, LI M, WANG T, et al. Organic molecular evidence in the ~ 1. 40 Ga Xiamaling Formation black shales in North China Craton for biological diversity and paleoenvironment of mid-Proterozoic ocean [J]. Precambrian Research, 2022, 381: 106848.

[289] AEBIG C H, CURTIN L, HAGEMAN K J, et al. Quantification of low molecular weight n-alkanes in lake sediment cores for paleoclimate studies [J]. Organic geochemistry, 2017, 107: 46-53.

[290] HAN S, HU K, CAO J, et al. Origin of early Cambrian black-shale-hosted barite deposits in South China: mineralogical and geochemical studies [J]. Journal of Asian Earth Sciences, 2015, 106: 79-94.

[291] JI W, HAO F, SONG Y, et al. Organic geochemical and mineralogical characterization of the lower Silurian Longmaxi shale in the southeastern Chongqing area of China: Implications for organic matter accumulation [J]. International Journal of Coal Geology, 2020, 220: 103412.

[292] ZHANG Y, HE Z, LU S, et al. Characteristics of microorganisms and origin of organic matter in Wufeng Formation and Longmaxi Formation in Sichuan Basin, South China [J]. Marine and Petroleum Geology, 2020, 111: 363-374.

[293] GALLON J. N_2 fixation in phototrophs: adaptation to a specialized way of life [J]. Plant and Soil, 2001, 230: 39-48.

[294] HAMMARLUND E U, DAHL T W, HARPER D A, et al. A sulfidic driver for the end-Ordovician mass extinction [J]. Earth and Planetary Science Letters, 2012, 331: 128-139.

[295] ZHANG J, LYONS T W, LI C, et al. What triggered the Late Ordovician mass extinction (LOME)? Perspectives from geobiology and biogeochemical modeling [J]. Global and Planetary Change, 2022, 216: 103917.

[296] LEE C, LOVE G D, HOPKINS M J, et al. Lipid biomarker and stable isotopic profiles through Early-Middle Ordovician carbonates from Spitsbergen, Norway [J]. Organic Geochemistry, 2019, 131: 5-18.

[297] SPAAK G, EDWARDS D S, FOSTER C B, et al. Environmental conditions and microbial community structure during the Great Ordovician Biodiversification Event; a multi-disciplinary study from the Canning Basin, Western Australia [J]. Global and Planetary Change, 2017, 159: 93-112.

[298] MONTOYA J P, CARPENTER E J, CAPONE D G. Nitrogen fixation and nitrogen isotope abundances in zooplankton of the oligotrophic North Atlantic [J]. Limnology and Oceanography, 2002, 47(6): 1617-1628.

[299] MONTOYA J P, HOLL C M, ZEHR J P, et al. High rates of N2 fixation by unicellular diazotrophs in the oligotrophic Pacific Ocean [J]. Nature, 2004, 430(7003): 1027-1031.

[300] FAWCETT S E, LOMAS M W, CASEY J R, et al. Assimilation of upwelled nitrate by small eukaryotes in the Sargasso Sea [J]. Nature Geoscience, 2011, 4(10): 717-722.

[301] SUMMONS R E, BRADLEY A S, JAHNKE L L, et al. Steroids, triterpenoids and molecular oxygen [J]. Philosophical Transactions of the Royal Society B: Biological Sciences, 2006, 361(1470): 951-968.

[302] PETERS K E, WALTERS C C, MOLDOWAN J M. The biomarker guide [M]. Cambridge university press, 2005.

[303] WICKSON S. High-resolution carbon isotope stratigraphy of the Ordovician-Silurian boundary on Anticosti Island, Quebec: Regional and global implications [D]. Ottawa, University of Ottawa (Canada), 2011.

[304] LI C, CHENG M, ALGEO T J, et al. A theoretical prediction of chemical zonation in early oceans (> 520 Ma) [J]. Science China Earth Sciences, 2015, 58: 1901-1909.

[305] SCHOLZ F, BEIL S, FLöGEL S, et al. Oxygen minimum zone-type biogeochemical cycling in the Cenomanian-Turonian Proto-North Atlantic across Oceanic anoxic event 2 [J]. Earth and Planetary Science Letters, 2019, 517: 50-60.

[306] TESDAL J-E, GALBRAITH E, KIENAST M. Nitrogen isotopes in bulk marine sediment: linking seafloor observations with subseafloor records [J]. Biogeosciences, 2013, 10(1): 101-118.

[307] SIGMAN D M, FRIPIAT F. Nitrogen Isotopes in the Ocean ☆ [M]//COCHRAN J K, BOKUNIEWICZ H J, YAGER P L. Encyclopedia of Ocean Sciences (Third Edition). Oxford; Academic Press, 2019: 263-278.

[308] MELCHIN M J, MITCHELL C E, HOLMDEN C, et al. Environmental changes in the Late Ordovician-early Silurian: Review and new insights from black shales and nitrogen isotopes [J]. Bulletin, 2013, 125(11-12): 1635-1670.

[309] CHENG M, LI C, JIN C, et al. Evidence for high organic carbon export to the early Cambrian seafloor [J]. Geochimica et Cosmochimica Acta, 2020, 287: 125-140.

[310] DAINES S, MILLS B, LENTON T. Atmospheric oxygen regulation at low Proterozoic levels by incomplete oxidative weathering of sedimentary organic carbon, Nat. Commun., 8, 14379 [J]. 2017, 8, 14379.

[311] LENTON T M, BOYLE R A, POULTON S W, et al. Co-evolution of eukaryotes and ocean oxygenation in the Neoproterozoic era [J]. Nature Geoscience, 2014, 7(4): 257-265.

[312] BROCKS J J, JARRETT A J, SIRANTOINE E, et al. The rise of algae in Cryogenian oceans and the emergence of animals [J]. Nature, 2017, 548(7669): 578-581.

[313] LOGAN G A, HAYES J, HIESHIMA G B, et al. Terminal Proterozoic reorganization of biogeochemical cycles [J]. Nature, 1995, 376(6535): 53-56.

[314] EDWARDS C T, SALTZMAN M R, ROYER D L, et al. Oxygenation as a driver of the Great Ordovician Biodiversification Event [J]. Nature Geoscience, 2017, 10(12): 925-929.

[315] KNOLL A H. Food for early animal evolution [J]. Nature, 2017, 548(7669): 528-530.

[316] BUTTERFIELD N. Oxygen, animals and oceanic ventilation: an alternative view [Z]. Wiley Online Library, 2009: 1-7

[317] LU Y, HAO F, SHEN J, et al. High-resolution volcanism-induced oceanic environmental change and its impact on organic matter accumulation in the Late Ordovician Upper Yangtze Sea [J]. Marine and Petroleum Geology, 2022, 136: 105482.

[318] NöTHIG E-M, GOWING M. Late winter abundance and distribution of phaeodarian radiolarians, other large protozooplankton and copepod nauplii in the Weddell Sea, Antarctica [J]. Marine biology, 1991, 111: 473-484.